U0158995

SSM 轻量级
敏捷框架开发技术

温立辉　周永福　巫锦润　曾水新　杨浪　著

西南交通大学出版社
·成　都·

图书在版编目（CIP）数据

SSM 轻量级敏捷框架开发技术 / 温立辉等著. —成都：西南交通大学出版社，2022.9（2025.1 重印）
ISBN 978-7-5643-8852-2

Ⅰ. ①S… Ⅱ. ①温… Ⅲ. ①软件开发 – 系统工程
Ⅳ. ①TP311.52

中国版本图书馆 CIP 数据核字（2022）第 144809 号

SSM Qingliangji Minjie Kuangjia Kaifa Jishu
SSM 轻量级敏捷框架开发技术

温立辉	周永福	巫锦润	/著	责任编辑／李华宇
曾水新	杨 浪			封面设计／GT 工作室

西南交通大学出版社出版发行

（四川省成都市金牛区二环路北一段 111 号西南交通大学创新大厦 21 楼　610031）
发行部电话：028-87600564　　028-87600533
网址：http://www.xnjdcbs.com
印刷：四川煤田地质制图印务有限责任公司

成品尺寸　185 mm×240 mm
印张　14.5　字数　278 千
版次　2022 年 9 月第 1 版　印次　2025 年 1 月第 2 次

书号　ISBN 978-7-5643-8852-2
定价　49.00 元

前　言

在 Java EE 开发领域，敏捷开发框架具有举足轻重的地位。敏捷开发框架既是一套成熟的解决方案，也是一种应用程序半成品，在软件项目开发过程中，引入敏捷开发框架能极大提高项目开发的效率，缩短系统建设的周期，节省应用项目开发的资金与时间成本。

敏捷开发框架以灵活的架构方式，成熟的整合与搭配方式，简单明了的技术配置与编码实现，职责分明的框架角色担当，风靡 Web 技术领域的后端开发。Java EE 领域存在众多的敏捷框架，如 Struts、WebWork、Spring、SpringMVC、SpringBoot、SpringCould、Dubbo、Hibernate、MyBatis、JPA、TopLink 等。这些框架各自有自己的担当与专门职责，随时可以相互组合，搭配出各式各样的敏捷框架组合，可适用于各种不同的场景与需求，灵活性与伸缩性非常好，极大地满足了 Java EE 信息系统建设的技术需求，迎合了企业的项目开发需要。

SSM（Spring+SpringMVC+MyBatis）作为一个敏捷组合系列，其层次分明、编码简便，对关系数据层控制极为精细，同时 MyBatis 框架也是 ORM 思想与技术的继承者，能完美地整合面向对象编程思想与开发技术。SSM 组合框架在 Java EE 领域具有非常耀眼的光芒，在开发市场中独树一帜，深受开发人员的喜爱。

本书以敏捷开发框架为前提，论述 SSM 框架在项目开发实战中的组合与配置，以应用技术为主线，着重阐述三大框架的核心应用、技术实现与编程语法。全书共分 7 章：第 1~3 章论述 Spring 框架的常规功能组件与编程语法，分别讲述 IoC 容器原理、AOP 横截面编程、各类型通知组件、Bean 生命周期管理、注解注入、事务控制等方面内容；第 4 章论述 Spring 框架 3.0 后加入的新模块 SpringMVC 的功能用法，包括 SpringMVC 的底层实现原理、各种常见的视图组件、视图解释器的配置、专用注解语法、JSON 数据交互、专用持久化模块等方面内容；第 5～6 章论述 MyBatis 框架的 ORM 持久化实现机制，包括框架的核心组件、流程控制、关系表操作实现语法、各类动态标签的使用、逆向工程操作过程等方面；第 7 章论述 SSM 三大框架的整合操作过程，以一个 Web 信息系统的设计、开发为主线，详述各业务模块中三大框架的应用与编码实现。

本书由河源职业技术学院温立辉、周永福、巫锦润、曾水新、杨浪合著。本书尽可能以简洁的语言来论述相关框架的技术原理与语法实现，力求通俗易懂，易于编程人员快速上手掌握相关应用技术。本书各章均有完整的工程项目源码，如有需要可向作者索要（邮箱：wenlihui2004@163.com）。本书在撰写过程中，得到了西南交通大学出版社的通力支持，在此表示感谢。

由于作者时间和水平有限，书中难免存在不足之处，欢迎各位专家、读者批评指正。

作者

2022 年 5 月

目 录

第 1 章
Spring 框架基础

本章将论述 Spring 框架的功能结构、模块组成、适用场景、框架起源等方面，阐述 Spring 框架的容器原理和实现过程以及容器中的不同对象管理方式，详述 Spring 框架四大方面的应用模块。

1.1　Spring 框架初识

Spring 既是 Java Web 开发领域的一种轻量级应用框架，同时也是一种敏捷开发框架。Spring 框架最初主要适用于系统架构中模型层的担当与管理，随着后继框架中功能的扩充与模块的增加，也可适用于 Java Web 系统架构中控制角色与职责的担当。

1.1.1　Spring 框架起源

Spring 框架是 EJB 容器的替代品，在一定程度上来说，也是 EJB 重量级开发方式的终结者。Spring 框架的出现大大降低了模型层上下文编程环境的复杂性，大大提升了 Java Web 系统开发及运行的效率。

在 Spring 框架发布之前，EJB 在 Java EE 编程领域一家独大，统领着 Java EE 领域的各种容器规范及编码实现标准。在这种前提下，EJB 注定要成为一个包罗万象、无所不能的超级全家桶，也注定其必定是一个臃肿、笨重的超级组件。同时，在 EJB 中定义了各种非常复杂的规范与标准，丧失了编程的灵活性与敏捷性，存在着严重的弊端。

针对 EJB 中存在的严重不足，一个名字叫 Rod Johnson 的架构师对其进行了深入的研究后，发布了一个名称为"interface21"的全新 Web 容器框架，此框架即为 Spring 框架的前身。后来 Rod Johnson 对"interface21"进行了全面的改进，于 2003 年发布了 Spring 框架的第一个版本，Java Web 编程也迎来了一个跨越性的春天。从此之后，Spring 框架进入开发人员的视野并为开发人员所接受，在 Java EE 领域占据越来越广阔的市场空间，直到今天成为 Java Web 编程中的敏捷开发框架。

1.1.2 Spring 框架容器

Spring 容器是整个框架中最核心的要素，是应用程序运行的一个环境数据池，跟 EJB 组件的容器在概念与功能上非常类似。Spring 框架通过容器实现对整个应用程序中对象的生命周期管理及依赖关系维护，从而实现类与类之间、对象实例之间的关联解耦。

Spring 框架容器使用 XML 文件对所有对象信息及对象之间的依赖关系作统一的声明，然后由专门的容器组件统一管理。在需要使用某个 Bean 对象时，由工厂组件进行创建并初始化环境参数，进而把实例对象传递给所依赖的相关类实例中。

工厂组件创建类实例有两个时间点，分别是：运行时加载、启动时加载。运行时加载是指当应用程序运行到某个时刻需要使用到某个对象时才即时创建，这种方式有利于减轻应用系统的负载，提高系统性能，体现 Spring 框架轻量级的属性，但这种方式在第一次请求时响应速度会相对比较慢。启动时加载则是在 Web 中间件启动时马上创建应用程序的所有实例对象，在应用程序需要某个对象时马上从容器中取出，响应速度非常快速，但会在一定程度加重服务器的负载。目前来说在 Web 开发中，一般使用启动时加载的方式来进行对象实例管理，以利于提升请求的响应速度。

Spring 框架容器实例创建是一种使用反射技术方式来实现对类实例的动态管理，通过传入容器 XML 配置文件中声明的对象类名称，在类装载机制中使用类名称关联的元信息，加载对应的类型到缓存中，进而创建相关的类实例。

1.2 Spring 框架应用模块

Spring 框架是一个功能极其丰富的轻量级开发框架，框架中包含数量众多的业务模块，适用于不同的场景，主要针对 Java Web 开发中模型及控制层的多方面的应用，包括对象生命周期管理、持久层操作、异构系统之间消息服务、门户服务、事务管理、上下文环境管理等方面，如图 1-1 所示。

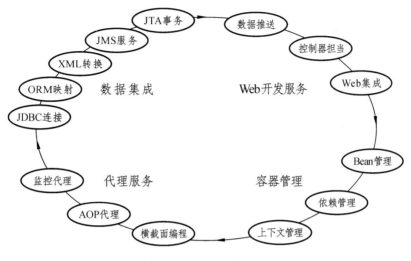

图 1-1　Spring 应用模块

1.2.1　数据集成

数据集成是 Spring 框架的一个重要业务方向，主要体现在与数据存储层的交互、子系统之间的消息交互、各种类型格式的数据文件处理及对象关系转换、业务完整性事务保证等方面。

1. JDBC 连接模板

JDBC 模块是 Spring 框架中一个专门用于处理关系数据表操作的 DAO 模板，其底层对 Java 语言中的 JDBC 进行了封装，并集成数据源、数据连接池等组件，开放出抽象接口层，以 JDBCTemplate 接口的形式来操作数据表，可以实现比原始 JDBC 更高效、安全的数据库访问及开发方式。

2. 对象关系映射

对象关系映射模块是 Spring 框架中自身的一个 ORM 模块，也是 Java EE 领域 ORM 技术的一种实现方式，与 Hibernate 等持久化框架的实现方案有相似的地方，可以实现在编程开发中把对关系型数据库的处理操作转换成面向对象实体类的操作。

3. XML 数据对象转换

XML 数据对象转换模块是 Spring 框架中把 XML 格式数据转换成编码中的一个数据

实体对象的模块，有点类似 JavaScript 语言的 DOM 对象，进而把对文本数据的操作转换成对数据对象的操作。

4. 消息服务

JMS 消息服务模块是 Spring 框架中用于不同子系统之间的通信服务的一种交互方式，是一种轻量级的数据通信方式，此功能模块对应于 EJB 组件中的消息驱动 Bean（Message Driven Bean）。

5. 事务管理

Spring 框架中特有一套完善、专门的事务处理方式——JTA 事务管理模块中有专门的事务接口，可以实现对编程式事务以及声明式事务的操作管理，尤其对声明式事务支持度非常高，事务模块的可靠性高。

1.2.2　Web 开发服务

Web 开发服务是 Spring 框架的另一个重要业务方向，主要体现在前后端之间的数据推送、应用门户的安全认证、MVC 模式中控制器的职责担当、对 Web 容器的功能集成等方面。

1. WebSocket 数据推送

Spring 框架的数据推送模块支持 HTML5 的 WebSocket 组件，可以实现在视图前端与逻辑处理后端之间建立实时 Socket 连接，实现应用程序后端业务数据变化能实时、主动地推送到视图页面，而无需前端作请求处理。

2. Web 控制器的职责担当

Spring 框架的 Web 控制器模块通过 DispatcherServlet 组件实现 MVC 模式中的控制器角色，负责系统中业务请求的调配与分发，实现比 Struts 框架更灵活、高效、敏捷的数据请求处理。

3. Web 功能集成

Spring 框架的 Web 集成模块是指对 Web 应用程序中间件容器的集成，以及对 Web 远程服务业务的支持，包含 HTTP 客户端、侦听器、IO 文件流等组件及相关编码实现。

1.2.3　容器管理

容器管理是 Spring 框架的核心业务方向，是框架中最基本的职责与担当，是对象控制反转的重要实现途径，同时也是框架在应用系统中模型角色担当的重要实现者，是最核心的框架组成。

1. Bean 管理

Spring 框架的 Bean 管理模块通过框架中的容器来维护和管理应用系统的各种类型实例对象，根据实际业务需求管理对象的生命周期，包括对象创建、对象间各种状态的转换及对象销毁等方面。

2. 依赖管理

Spring 框架的依赖管理模块通过框架中的容器来管理对象之间的关系，当一个对象需要依赖其他的对象或实例时，无需通过硬编码的方式引入，只需要在容器中声明，容器会自动注入所依赖的对象。

3. 上下文管理

Spring 框架的上下文管理模块通过框架中的容器来管理对象的上下文数据，对应用程序缓存中的业务对象作实时状态管理，以实现应用程序运行环境数据的统一维护。

1.2.4　代理服务

代理服务是 Spring 框架中的核心业务方向之一，允许编程人员在不触动原有应用程序代码的前提下，来进一步丰富系统的功能模块，通过织入方式整合第三方组件到应用系统中。

1. 横截面编程

横截面编程是应用程序的非业务功能关注点的集合，是 Spring 框架中关于扩展其他非业务功能模块的一个接入点，如日志、安全、性能、权限、认证等方面，是应用系统中通用的集合点。

2. AOP 代理

Spring 框架中的 AOP 代理允许开发人员通过框架中的代理组件来添加、扩展系统的其他功能，其代理组件通过不同的编程切面织入新的实例对象，进而为应用系统集成新的服务。

3. 监控代理

Spring 框架中允许开发人员通过另外开发应用程序或任务进程来监测 JVM 进程的运行状态，通过框架中内置的监控代理接口，能方便地整合到应用系统中，提高系统的运维管理效率。

1.3 Spring 框架配置

Spring 应用框架的核心是容器的配置文件，该文件以 XML 形式存在，各种对象类型及关联关系都在此文件中声明，文件中除可以声明一般对象关系外，还可以声明以集合、键值对、数组等空间结构形式出现的关系对象。同时，容器配置文件还需要以环境参数的形式整合到工程的资源模块中，以供应用程序初始化时载入。

1.3.1 对象关系声明

普通对象以<bean>节点的形式声明，每个<bean>节点代表一个对象实例，id 属性为对象的唯一标识，不能重复，class 属性为对象的所归属的 Bean 类型，同一容器中可以根据实际需要定义多个同一模型类的<bean>实例。

<property>节点声明模型类中的属性，name 属性为模型类中属性的名称，value 属性为类中属性的具体值，如为八大数据类型或字符串 String 类型可直接赋值，如为其他复合数据类型则需要通过<ref>节点引用其他已经定义或声明的实例对象，bean 属性直接指向所要引用对象的 id。

以下的 XML 配置代码为 IoC 容器中 bean 实例的声明，表示在此文件声明了两个<bean>对象。

IoC 容器配置 bean 实例声明：

```xml
<beans>
    <bean id="product" class="com.web.Product">
        <property name="prodName" value="运动风衣"></property>
        <property name="amount" value="5000"></property>
```

```
        <property name="prodDate" value="2021-05-01"></property>
    </bean>
    <bean id="company" class="com.web.Company">
        <property name="comName" value="好再来服装厂"></property>
        <property name="leader" value="张青鹏"></property>
        <property name="address" value="高新区创业路317号"></property>
        <property name="prod">
            <ref bean="product" />
        </property>
    </bean>
</beans>
```

第一个<bean>对象所属类型为"com.web.Product"，该对象的 id 标识为"product"，对象中有三个属性分别为"prodName""amount""prodDate"，所对应值分别为"运动风衣""5000""2021-05-01"。

第二个<bean>对象所属类型为"com.web.Company"，该对象的 id 标识为"company"，对象中有四个属性，前三个分别为"comName""leader""address"，所对应值分别为"好再来服装厂""张青鹏""高新区创业路 37 号"，第四属性"prod"，为复合数据类型，通过<ref>节点引用第一个<bean>对象。

1.3.2　存储结构属性引用

存储结构对象主要是指集合（List、Set）、数组（Array）、键值对（Map）等几种常见的实例数据存储结构，这类特殊属性在 Spring 容器配置文件中赋值引用与一般类文件中属性不同。

1. List 类型引用

List 为有序的对象集合类型，集合中存储有若干的数据对象，此类型属性在 XML 配置文件中的赋值引用，需在<property>节点下使用专用的<list>节点，并使用<ref>节点来对相关数据对象进行引用。如果 List 中存储的对象为基本数据类型及字符串 String 类型，则可以直接使用<value>节点赋值。

以下代码配置为 IoC 容器中 List 类型实例的声明，表示属性"citys"为 List 类型，此属性声明存储了三个<bean>实例，<bean>实例的 id 分别是"beijing""shanghai" "shenzhen"。同样属性"area"也为 List 类型，但它存储的对象是 String 类型的字符串，所以能直接使用<value>节点为其赋予三个字符串对象"华南""华中""华北"。

IoC 容器配置 List 实例声明：

```
<property name="citys">
    <list>
        <ref bean="beijing" />
        <ref bean="shanghai" />
        <ref bean="shenzhen" />
    </list>
</property>
<property name="areas">
    <list>
        <value>华南</value>
        <value>华中</value>
        <value>华北</value>
    </list>
</property>
```

2. Set 类型引用

Set 为无序的对象集合类型，集合中存储有若干的数据对象，此类型属性在 XML 配置文件中的赋值引用，需在<property>节点下使用专用的<set>节点，并使用<ref>节点来对相关数据对象进行引用。如果 Set 中存储的对象为基本数据类型及字符串 String 类型，则可以直接使用<value>节点赋值。

以下代码配置为 IoC 容器中 Set 类型实例的声明，表示属性"citys"为 Set 类型，此属性声明存储了三个<bean>实例，<bean>实例的 id 分别是"beijing""shanghai""shenzhen"。

IoC 容器配置 Set 实例声明：

```
<property name="citys">
    <set>
        <ref bean="beijing" />
        <ref bean="shanghai" />
        <ref bean="shenzhen" />
    </set>
```

```
</property>
```

3. Array 类型引用

数组类型存储结构中可存储同类型的数据对象，数组类型属性在 XML 配置文件中的赋值引用，需在<property>节点下使用专用的<array>节点，并使用<ref>节点来对相关数据对象进行引用。如果数组中存储的对象为基本数据类型及字符串 String 类型，则可以直接使用<value>节点赋值。

以下代码配置为 IoC 容器中 Array 类型实例声明，表示属性"citys"为数组类型，此属性声明存储了三个<bean>实例，<bean>实例的 id 分别是"beijing""shanghai""shenzhen"。

IoC 容器配置 Array 实例声明：

```
<property name="citys">
    <array>
        <ref bean="beijing" />
        <ref bean="shanghai" />
        <ref bean="shenzhen" />
    </array>
</property>
```

4. Map 类型引用

Map 为键值对结构类型（Key=Value），此类型属性在 XML 配置文件中的赋值引用，需在<property>节点下使用专用的<map>节点且增加子节点<entry>，并在<entry>节点中使用<ref>来对相关数据对象进行引用。如果 Map 中存储的对象为基本数据类型及字符串 String 类型，则可以直接使用<entry>节点中 value 属性赋值。

以下代码配置为 IoC 容器中 Map 类型实例声明，表示属性"citys"为 Map 类型，此属性声明存储了三个<bean>实例，<bean>实例的 id 分别是"beijing""shanghai""shenzhen"。同样属性"area"也为 Map 类型，但它存储的对象是 String 类型的字符串，所以能直接使用<entry>节点的 value 属性为其赋予三个字符串对象"华南""华中""华北"。

IoC 容器配置 Map 实例声明：

```
<property name="citys">
```

```
    <map>
        <entry key="bj"><ref bean="beijing" /></entry>
        <entry key="sh"><ref bean="shanghai" /></entry>
        <entry key="sz"><ref bean="shenzhen" /></entry>
    </map>
</property>
<property name="areas">
    <map>
        <entry key="hn" value="华南"></entry>
        <entry key="hz" value="华中"></entry>
        <entry key="hb" value="华北"></entry>
    </map>
</property>
```

1.4 应用项目开发

Spring 应用框架在 MVC 架构中主要承担模型的角色（Model）。在此以 Spring 容器管理的方式开发一个业务模型，实现容器对业务模型对象的声明、依赖关系管理，体验Spring 框架的非入侵式编程实现。

1.4.1 模块功能描述

模型类分为省份和国家。这两个模型类的对象关系在 Spring 容器的配置文件中声明，对象实例的创建及生命周期管理通过 Spring 容器实现。

1. 模型 Bean 类

（1）模型类——省份（Province）：

①省份名称属性（provinceName）；

②省会城市属性(provinceCity)；

③人口数属性（population）；

④GDP 属性（gdp）；

⑤各省高校属性（colleges）。

（2）模型类——国家（Country）；

①国家名称属性（countryName）；

②语言属性（language）；

③各省份属性（provinces）。

2. 模型关系

（1）省份（Province）模型归属国家（Country）模型类，通过 provinces 属性关联。

（2）各省高校属性（colleges）包含多所高校名称，故 colleges 属性为集合类型。

1.4.2　模块编码开发

应用项目的开发过程包括 Web 工程搭建、Spring 框架组件添加、Province 和 Country 模型类开发、容器配置文件编码声明对象关系、测试类的编码开发、运行输出验证预期结果等。

（1）使用 IDE 集成开发工具搭建 Web 工程，导入 Spring 框架相关 jar 文件，如图 1-2 所示。

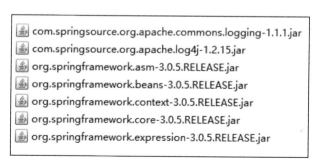

图 1-2　项目工程 jar 文件

（2）开发 Province 模型类：在工程中添加 Province.java 类文件，本类中 colleges 属性为 List 类型，存储各省份的高校，除此之外其他所有属性均为 String 类型，类文件的编码如下：

Province.java：

```
package com.web;
import java.util.List;
public class Province {
    private String provinceName;
    private String population;
```

```
private String gdp;
private String provinceCity;
private List colleges;
public String getProvinceName() {
    return provinceName;
}
public void setProvinceName(String provinceName) {
    this.provinceName = provinceName;
}
public String getPopulation() {
    return population;
}
public void setPopulation(String population) {
    this.population = population;
}
public String getProvinceCity() {
    return provinceCity;
}
public void setProvinceCity(String provinceCity) {
    this.provinceCity = provinceCity;
}
public String getGdp() {
    return gdp;
}
public void setGdp(String gdp) {
    this.gdp = gdp;
}
public List getColleges() {
    return colleges;
}
public void setColleges(List colleges) {
    this.colleges = colleges;
}
}
```

（3）开发 Country 模型类：在工程中添加 Country.java 类文件，本类中 provinces 属性为 Map 类型，存储各省份（Province）对象实例，除此之外其他所有属性均为 String 类型，类文件的编码如下：

Country.java：

```
package com.web;
import java.util.Map;
public class Country {
    private String countryName;
    private String language;
    private Map provinces;
    public String getCountryName() {
        return countryName;
    }
    public void setCountryName(String countryName) {
        this.countryName = countryName;
    }
    public String getLanguage() {
        return language;
    }
    public void setLanguage(String language) {
        this.language = language;
    }
    public Map getProvinces() {
        return provinces;
    }
    public void setProvinces(Map provinces) {
        this.provinces = provinces;
    }
}
```

（4）配置容器对象关系：在工程 Src 路径下添加 Spring 容器配置文件 applicationContext.xml。在 XML 配置文件中声明多个省份（Province）对象（广东、湖南、江西），以及声明国家（Country）类型对象，并配置各对象之间的关联依赖关系，实现模块中各模型对象关系由容器管理，无需在类文件中硬编码，对象中的集合属性通过<list>及<map>节点实现引用及赋值管理，编码实现如下：

applicationContext.xml：

```
<?xml version="1.0" encoding="UTF-8"?>
<beans xmlns="http://www.springframework.org/schema/beans"
```

```
xmlns:xsi="http://www.w3.org/2001/XMLSchema-instance"
xmlns:p="http://www.springframework.org/schema/p"
xsi:schemaLocation="http://www.springframework.org/schema/beans
http://www.springframework.org/schema/beans/spring-beans-3.0.xsd">

    <bean id="guangdong" class="com.web.Province">
        <property name="provinceName" value="广东省"></property>
        <property name="population" value="12600万"></property>
        <property name="gdp" value="¥110761亿"></property>
        <property name="provinceCity" value="广州"></property>
        <property name="colleges">
            <list>
                <value>中山大学</value>
                <value>华南理工大学</value>
                <value>暨南大学</value>
                <value>华南师范大学</value>
            </list>
        </property>
    </bean>
    <bean id="hunan" class="com.web.Province">
        <property name="provinceName" value="湖南省"></property>
        <property name="population" value="6644万"></property>
        <property name="gdp" value="¥41781亿"></property>
        <property name="provinceCity" value="长沙"></property>
        <property name="colleges">
            <list>
                <value>湖南大学</value>
                <value>中南大学</value>
                <value>湘潭大学</value>
                <value>国防科技大学</value>
            </list>
        </property>
    </bean>
    <bean id="jiangxi" class="com.web.Province">
        <property name="provinceName" value="江西省"></property>
        <property name="population" value="4519万"></property>
        <property name="gdp" value="¥25691亿"></property>
        <property name="provinceCity" value="南昌"></property>
        <property name="colleges">
```

```xml
            <list>
                <value>南昌大学</value>
                <value>华东交通大学</value>
                <value>南昌航空大学</value>
                <value>江西师范大学</value>
            </list>
        </property>
    </bean>
    <bean id="country" class="com.web.Country">
        <property name="countryName" value="中国"></property>
        <property name="language" value="汉语"></property>
        <property name="provinces">
            <map>
                <entry key="gd">
                    <ref bean="guangdong" />
                </entry>
                <entry key="hn">
                    <ref bean="hunan" />
                </entry>
                <entry key="jx">
                    <ref bean="jiangxi" />
                </entry>
            </map>
        </property>
    </bean>
</beans>
```

（5）开发测试类：在工程中添加 Test.java 类文件，在本类中先配置文件 applicationContext.xml 为资源参数构建 BeanFactory 对象，然后通过接口的 getBean() 方法传入各对象的 <bean> 节点 id 值，即可取得对应实例。最后以 Country 对象为起点找到相关联的各个 Province 对象，并输出所有对象信息，具体编码如下：

Test.java：

```java
package com.web;
import java.util.Collection;
import java.util.Iterator;
import java.util.List;
```

```java
import java.util.Map;
import java.util.Set;
import org.springframework.beans.factory.BeanFactory;
import org.springframework.beans.factory.xml.XmlBeanFactory;
import org.springframework.core.io.ClassPathResource;
import org.springframework.core.io.Resource;

public class Test {
public static void main(String[] args) {
        Resource rc = new ClassPathResource("applicationContext.xml");
        BeanFactory factory = new XmlBeanFactory(rc);
        Country country = (Country)factory.getBean("country");
        String countryName = country.getCountryName();
        String language = country.getlanguage();
        Map map = country.getProvinces();

        System.out.print(countryName+"\t");
        System.out.println(language);

        //遍历出Map对象的Key元素
        System.out.println("\n-------Map对象Key元素：--------");
        Set set = map.keySet();
        Iterator it= set.iterator();
        while(it.hasNext()) {
            String str = (String)it.next();
            System.out.print(str+"\t");
        }

        //遍历出Map对象的Value元素，即所存储的省份对象
        System.out.println("\n\n----Map对象value元素（省份）：----");
        Collection coll = map.values();
        Iterator iter = coll.iterator();
        while(iter.hasNext()) {
            Province pro = (Province)iter.next();
            System.out.print(pro.getProvinceName()+"\t");
            System.out.print(pro.getProvinceCity()+"\t");
            System.out.print(pro.getGdp()+"\t\t");
            System.out.println(pro.getPopulation());
```

```
    //从List中取出每个省份的大学
    List colleges = pro.getColleges();
    for (int i = 0; i < colleges.size(); i++) {
        System.out.println(colleges.get(i));
    }
    System.out.println("-----------------------");
    }
    }
}
```

（6）测试验证：运行测试 Test.java 文件，在 IDE 工具的控制台得到如图 1-3 所示运行结果，模块运行结果正确输出了 Spring 容器中配置的各对象信息及依赖关系。

```
中国        汉语

------------Map对象Key元素：------------
gd        hn        jx

--------Map对象value元素（省份）：--------
广东省    广州      ￥110761亿          12600万
中山大学
华南理工大学
暨南大学
华南师范大学
------------------------------------------
湖南省    长沙      ￥41781亿          6644万
湖南大学
中南大学
湘潭大学
国防科技大学
------------------------------------------
江西省    南昌      ￥25691亿          4519万
南昌大学
华东交通大学
南昌航空大学
江西师范大学
------------------------------------------
```

图 1-3 模块运行输出

第 2 章
Spring 框架开发应用

本章将讨论 Spring 框架控制反转的原理，以及 Spring 框架横截面编程的实现过程，论述反射机制在 Spring 框架中的应用、Bean 实例生命周期管理过程、环境监听的配置，重点论述横截面编程的思想、各种通知组件的应用规则，以及横截面编程的底层实现过程。

2.1 控制反转

控制反转（Inversion of Control），在编程界也称为 Spring 框架的 IoC 模式，是一种使用依赖倒转的方式，实现应用系统中各实例对象的生命周期管理，从传统的代码控制转为专门的容器管理控制，从而达到非入侵式编程开发的目的，进一步消除各业务模块、子服务应用之间的耦合性，增强模块的独立性与灵活性，方便日后对代码进行维护、更新及扩充。

控制反转的实现原理是使用反射的技术机制，通过对容器中登记注册的各种类型的业务类，进行动态加载并创建相关实例，然后注入相关需要使用该实例的地方，以满足应用程序编译、运行等方面的需求。

2.1.1 核心组件

Spring 框架控制反转模式的核心组件是实例容器、实例工厂等组件，容器负责应用系统业务 Bean 的生命周期管理，实例工厂负责应用系统业务 Bean 的创建及初始化工作。

1. 实例容器

实例容器中登记了应用系统中各种类型的业务类的定义及各个业务类之间的依存和交互关系，由容器负责各业务类的实例缓存、实例代理、资源装载、事件发布、应用织入等方面的工作。容器一般以 xml 文件的形式来管理各业务实例，从 Spring 框架的编程实现意义上来说，只要实现了 ApplicationContext 接口的模块类都可以称为容器。

2. 实例工厂

实例工厂是一个专门构建类模块对象实例的工厂组件，在容器中所有登记的业务类的实例均由此工厂组件创建。实例工厂组件 BeanFactory 位于 org.springframework.beans.factory 包中，是 Spring 框架中最顶层、最基本的工厂模块，提供了最简单的实例获取方法，通过其开放出来的 getBean 函数来取得相关业务类的实例。

2.1.2　Bean 生命周期管理

Spring 框架 IoC 容器中 Bean 生命周期的管理，是从构建 Bean 实例开始，涉及相关属性及依赖的注入，以及定义与 Bean 相关的初始化方法和销毁方法，如图 2-1 所示，一般来说包含以下几个步骤。

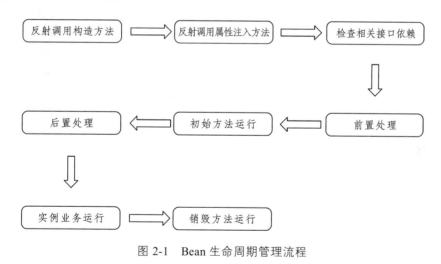

图 2-1　Bean 生命周期管理流程

1. Bean 实例化开始

在 IoC 容器中通过反射机制调用 Bean 类中定义的构造方法，进行新对象实例的创建，然后再继续通过反射机制调用 Bean 类中全局属性的 set 方法来注入相关的属性值及其他依赖的实例对象。

2. 依赖接口检查

完成 Bean 实例的构建及相关属性值的注入后，容器会根据 Bean 自身配置检查是否实现了一些相关的依赖接口，主要为 BeanNameAware 与 BeanFactoryAware 接口，如果有相关实现则回调相关的操作方法去进行环境初始化。

3. 初始化方法运行

如果 Bean 类中定义了相关初始化方法 bean-init，则在完成 Bean 实例的构建后就自动调用初始化方法来完成特定的业务功能。一般来说，此方法用于实现本类中一些相关引用资源的初始化操作。

4. 前置及后置业务逻辑处理

Bean 实例可通过 BeanPostProcessor 接口来定义，Bean 实例构建完成后，在初始化方法执行前后，加入一些自定的实现逻辑。BeanPostProcessor 接口有 processBefore-Initialization 和 processAfterInitialization 两种方法，分别可实现前置业务逻辑处理、后置业务逻辑处理两种业务功能。

5. 实例运行与存活

完成前面的相关步骤后，Bean 即可进行正常的业务存活状态，在此阶段主要实现 Bean 实例的相关业务功能，与其他实例或模块进行正常交互，支撑应用系统的正常运行。

6. Bean 实例销毁

在 Bean 实例完成自己的业务功能后，根据 IoC 容器的相关管理机制，会在适当时候对实例进行销毁。在 Bean 实例真正被销毁前，Bean 类中定义的相关销毁方法 bean-destory 会被执行，此方法一般用于释放 Bean 实例中所占据的其他资源，以保证系统的稳定性与健壮性。

2.1.3　环境监听

环境监听是指对容器接口 ApplicationContext 的监听，通过把监听事件发布到容器上，可以实现对 Bean 实例管理方式的灵活控制，以满足各种场合下对系统的配置及交互要求。Spring 框架的事件监听接口为 ApplicationListener，当 Bean 实例实现了相关的事件接口，发到 IoC 容器的事件就会通过 ApplicationContext 接口来通知相关业务 Bean，并触发相应的事件方法。

环境监听在 IoC 容器的另一个重要用处就是，在 Web 容器启动时立刻装配容器中注册的相关业务 Bean 实例，以达到先期加载的方式来实现对 Bean 实例的实例化管理。

1. 运行时加载

Spring 框架传统的 IoC 容器对 Bean 生命周期的管理方式是，采用运行时加载的方式，即在应用系统运行到某个模块且需要依赖、注入某个 Bean 实例时，才会去加载并实例化 Bean。这是一种轻量级组件化管理方式，有利于减轻应用系统服务器的负载，但也存在弊端，这是一种"懒汉式"的 Bean 实例管理方式，对服务请求的响应速度会较慢，会在一定程度上影响客户的体验。

2. 先期加载

基于对运行时加载的 Bean 实例管理方式中存在响应速度较慢的问题，Spring 框架中 IoC 容器实现了一种先期加载的 Bean 实例管理方式。此种方式在 Web 服务启动时即构建好应用系统中各模块的全部业务 Bean 实例，在应用系统中需要依赖某个 Bean 实例时，即刻注入已经构建好的 Bean 实例，这样就能大大提高对服务请求的响应速度，改善客户的体验。这是一种"饿汉式"的 Bean 实例管理方式，最大的优点是提升了服务响应速度，但同样也存在弊端，在 Web 服务启动时即构建完所有业务 Bean 实例，会在一定程度上增加系统服务器的负载。

运行时加载及先期加载两种 Bean 管理方式各有千秋及不足，在应用系统构建时就根据实际需要进行选择。当今 IT 硬件设备发展速度非常快速，一般来说，硬件对软件的支撑都不存在太大的问题，所以在 Web 结构的信息系统当中一般都使用"饿汉式"先期加载的方式来管理 Bean 实例生命周期的方式占绝大多数。

IoC 容器中使用先期加载方式管理 Bean 实例时，需要使用到另外的一个环境监听类 ContextLoaderListener，此类位于 org.springframework.web.context 包下，实现了 Web 容器监听接口 ServletContextListener，其在 Web 容器启动时就能自动监听到相关行为，从而立刻启动对 Web 应用系统中 Bean 实例的构建及初始化工作。

此环境监听行为需要在 Web 项目工程的映射文件 web.xml 中进行配置，相关配置如下列代码。

web.xml 文件配置片段：

```
<context-param>
    <param-name>contextConfigLocation</param-name>
    <param-value>/WEB-INF/classes/applicationContext.xml</param-value>
</context-param>
<listener>
    <listener-class>org.springframework.web.context.ContextLoaderListe
ner</listener-class>
</listener>
```

（1）环境参数配置：

在 web.xml 文件中通过<context-param>节点声明相关的环境参数，通过子节点<param-name>声明环境参数变量名称为"contextConfigLocation"，通过子节点<param-value>声明环境参数中 IoC 配置文件在工程部署目录的具体位置。

（2）容器监听类的配置：

在 web.xml 文件中通过<listener>节点声明容器的监听类有哪些，有多个监听类时可分别列出，通过子节点<listener-class>声明 ContextLoaderListener 监听类的具体位置。

2.2　横截面编程

横截面编程（Aspect Oriented Programming）是应用系统中关于非业务功能模块方面的编程，如应用系统中的日志模块、权限模块、事务管理模块、持久化操作模块等方面的编程。

横截面编程是 Spring 框架的另一个重要组成部分，也称为 AOP 模式，通过采用动态代理的方式对应用系统进行装配，把系统的非业务性模块织入应用程序中，可以极大提升系统的可拓展性及伸缩性。

在软件工程领域有一个开/闭原则，即已经开发好的应用系统对扩展系统功能模块是开放的，但对修改系统模块内的代码是关闭的，因为修改内部代码会引入新的风险，同时修改已实现的模块代码会形成很多的模块交互瓶颈，进而影响应用系统的性能。Spring框架的横截面编程能够在不修改系统原有代码的情况下，极好地拓展系统的功能模块，完美地体现了开/闭原则在设计与编码中的实现。

2.2.1　前置通知

前置通知（Before Advice），是 Spring 框架横截面编程的一种通知组件，类似于 Struts 框架中的拦截器，能在请求到达目标对象前进行截获，经通知组件的逻辑处理后再放行，然后请求才能真正到达目标对象。

利用前置通知组件能实现对所请求目标对象的安全性操作，如检查请求是否合法、是否具有相应的权限角色、对请求行为进行事务控制等。

前置通知组件需要实现 org.springframework.aop 包下的 MethodBeforeAdvice 接口，接口中有一个 before 方法，为前置通知组件的核心业务方法。触发前置通知组件时会自动回调此方法，以实现相关逻辑功能，自定义一个前置通知组件，如 BeforeDemoDevice 类。

BeforeDemoDevice.java：

```
package com.ssm.web;
import java.lang.reflect.Method;
import org.springframework.aop.MethodBeforeAdvice;

public class BeforeDemoDevice implements MethodBeforeAdvice{
    public void before(Method meth, Object[] args, Object tar)
            throws Throwable {
        System.out.println("now is writting to log...");
    }
}
```

方法签名：public void before(Method meth, Object[] args, Object tar) throws Throwable。

参数 1：Method meth，代表请求要访问或调用的目标方法。

参数 2：Object[] args，代表请求要访问目标方法的参数，Object 数组中的元素为相应目标方法的各个参数。

参数 3：Object tar，代表请求访问的目标方法所在的实例对象。

2.2.2　后置通知

后置通知（After Returning Advice），是 Spring 框架横截面编程的另一种通知组件，其作用是请求到达目标对象后，请求流程返回时，对请求进行截获，经通知组件的逻辑处理后再到达原请求发出处。

利用后置通知组件能实现对本次请求的终结性操作,如销毁本次请求相关的依赖性实例对象、释放所占据的资源、对请求行为记录日志等。

后置通知组件需要实现 org.springframework.aop 包下的 AfterReturningAdvice 接口,接口中有一个 afterReturning 方法,为后置通知组件的核心业务方法。触发后置通知组件时会自动回调此方法,以实现相关逻辑功能,自定义一个后置通知组件,如 AfterDemoDevice 类。

AfterDemoDevice.java:

```
package com.ssm.web;
import java.lang.reflect.Method;
import org.springframework.aop.AfterReturningAdvice;

public class AfterDemoDevice implements AfterReturningAdvice{
public void afterReturning(Object returnVal, Method meth, Object[] args,
Object tar) throws Throwable {
        System.out.println("afterReturning() has been invoked...");

    }
}
```

方法签名: public void afterReturning(Object returnVal, Method meth, Object[] args,Object tar) throws Throwable。

参数 1:Object returnVal,代表请求要访问目标方法执行后的返回值。

参数 2:Method meth,代表请求要访问或调用的目标方法。

参数 3:Object[] args,代表请求要访问目标方法的参数,Object 数组中的元素为相应目标方法的各个参数。

参数 4:Object tar,代表请求访问的目标方法所在的实例对象。

2.2.3 环绕通知

环绕通知(Around Advice),是 Spring 框架横截面编程的一种全方位通知组件,其作用是请求到达目标对象之前以及请求流程返回时,分别对请求进行截获。两次对请求拦截，它本质上是前置通知组件与后置通知组件的一个共合体。

在请求到达目标对象前后均会触发此通知组件，在触发此通知组件后可直接绕过目标对象而终结请求流程，利用环绕通知组件能实现强大、完善的逻辑处理功能，一般在系统功能需求比较复杂的情况下会考虑使用此通知组件。

环绕通知组件需要实现 org.aopalliance.intercept 包下的 MethodInterceptor 接口，接口中有一个 invoke 方法，为环绕通知组件的核心业务方法。触发环绕通知组件时会自动回调此方法，以实现相关逻辑功能，自定义一个后置通知组件，如 AroundDemoDevice 类。

AroundDemoDevice.java：

```
package com.ssm.web;
import org.aopalliance.intercept.MethodInterceptor;
import org.aopalliance.intercept.MethodInvocation;

public class AroundDemoDevice implements MethodInterceptor{
public Object invoke(MethodInvocation mi) throws Throwable {
        System.out.println("Around Advice has been invoked first time...");
        mi.proceed();
        System.out.println("Around Advice has been invoked second time...");
        return null;
    }
}
```

方法签名：public Object invoke(MethodInvocation mi) throws Throwable。

参数：MethodInvocation mi，代表对请求要访问的目标方法的相关操作行为。

操作 1：MethodInvocation 对象的 proceed 方法，表示流程将到达所请求的目标方法，如不调用此方法，流程将不会到达目标方法，而直接返回到原处。

操作 2：proceed 方法以上的代码为请求到达目标方法前的逻辑代码。

操作 3：proceed 方法以下的代码为请求返回时执行的逻辑代码。

2.2.4　异常通知

异常通知（Throws Advice），是 Spring 框架横截面编程的一个异常捕获通知组件，其作用是当所请求或调用的目标方法抛出异常时，异常通知组件能捕获相关异常，在组件中可实现相应的异常处理逻辑，比直接使用 try…atch 语句，能实现更高效、更全面的编码开发过程。

异常通知组件需要实现 org.springframework.aop 包下的 ThrowsAdvice 接口，该接口中没有相关抽象方法，实现该接口只是一个标记性编码动作。自定义异常通知组件，如 ThrowsDemoDevice 类，自定义异常通知类中可定义多个异常处理方法 afterThrowing。

ThrowsDemoDevice.java：

```java
package com.ssm.web;
import java.io.IOException;
import org.springframework.aop.ThrowsAdvice;

public class ThrowsDemoDevice implements ThrowsAdvice{
    //目标方法抛出IOException时触发该方法
    public void afterThrowing(IOException ioExce){
        System.out.println("There is a IOException ...");
    }
    //目标方法抛出NullPointerException时触发该方法
    public void afterThrowing(NullPointerException nullExce){
        System.out.println("There is a NullPointerException ...");
    }
    //目标方法抛出IndexOutOfBoundsException时触发该方法
    public void afterThrowing(IndexOutOfBoundsException indexExce){
        System.out.println("There is a IndexOutOfBoundsException ...");

    }
    //目标方法抛出ClassCastException时触发该方法
    public void afterThrowing(ClassCastException castExce){
        System.out.println("There is a ClassCastException ...");
    }
}
```

方法签名：public void afterThrowing([Method meth],[Object[] args],[Object tar],Throwable exception)。

参数 1：Method meth，可选参数，代表请求要访问或调用的目标方法。

参数 2：Object[] args，可选参数，代表请求要访问目标方法的参数，Object 数组中的元素为相应目标方法的各个参数。

参数 3：Object tar，可选参数，代表请求访问的目标方法所在的实例对象。

参数 4：Throwable exception，必选参数，代表捕获的异常类型，当目标方法抛出的异常类型与此异常相匹配时则触发该方法。

2.2.5　最终通知

最终通知（After Finally Advice），也称为返回通知，是 Spring 框架横截面编程的一种目标方法调用完毕的通知组件，其作用是请求到达目标方法后，不管目标方法是否执行成功，是否抛出业务异常，都会触发此通知组件。此通知组件一般用于特定的资源或对象实例释放，也可以用于记录特定的日志信息。

最终通知组件需要实现 org.springframework.aop 包下的 AfterAdvice 接口，该接口中没有定义任何方法，只是一个标记性接口，业务类实现该接口后可自定义相关业务方法，并在 Spring 容器中织入相关方法。AfterAdvice 接口下有 AfterReturningAdvice、ThrowsAdvice 等增强型子接口。

2.3　应用项目开发

IoC 和 AOP 是 Spring 应用框架的两个核心部分，控制反转是框架容器的关键所在，横截面编程是系统扩展的重要方式。在此以 Web 工程项目开发中 Web 容器启动即构建 Bean 实例的容器管理方式，以及通过横截面编程实现装配日志模块的方式，实现 IoC 与 AOP 的整合编码。

2.3.1　模块功能描述

有订单模型类，模型类的对象属性值在 Spring 容器的配置文件中声明，对象实例的创建及生命周期管理通过 Spring 容器实现，在 Web 容器启动时即实例化订单模型类。在用户查询订单操作时，通过横截面编程的功能原理把相关行为记录入日志。

1. 模型 Bean 类

模型类——订单（Order）：

（1）订单 ID 属性（orderId）；

（2）下单用户属性(userId)；

（3）订单商品属性（orderCommodity）；

（4）订单金额属性（orderMoney）；

（5）下单时间属性（orderTime）；

（6）是否已付款属性（payState）；

（7）订单状态属性（orderState）。

2. 日志记录

（1）用户操作行为记录入日志：通过前置通知组件。

（2）用户操作结果记录入日志：通过后置通知组件。

（3）系统运行情况记录入日志：通过异常通知组件。

2.3.2 模块编码开发

应用项目的开发过程包括 Web 工程搭建、Spring 框架组件添加、订单模型类开发、容器配置文件编码、横截面编程日志模块装配、相关业务编码开发测试验证等。

1. 导入 Web 工程依赖 jar 文件

使用 IDE 集成开发工具搭建 Web 工程，并导入 Spring 框架的相关 jar 文件，如图 2-2 所示。

2. 构建工程模块包

Web 工程中包含四个模块包：aop、model、service、web，在每个模块包下创建相应的业务类文件，如图 2-3 所示。

（1）模块包：com.ssm.web，为 Web 工程控制器模块，包含 QueryAllServlet 控制器类文件和 QuerySingleServlet 控制器类文件。

（2）模块包：com.ssm.service，为 Web 工程业务模块，包含 OrderQueryInf 接口文件、OrderQueryImpl 实现类文件和 OrderLog 日志类文件。

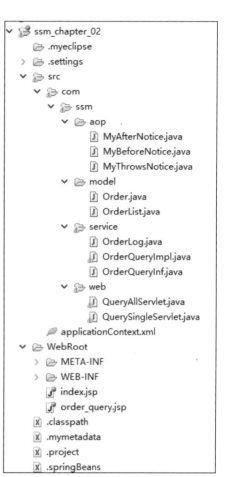

图 2-2　Web 项目工程 jar 文件　　　　图 2-3　Web 项目工程结构

（3）模块包：com.ssm.model，为 Web 工程业务模型实体模块，包含 Order 模型实体类文件和 OrderList 模型实体类文件。

（4）模块包：com.ssm.aop，为 Web 工程横截面模块，包含 MyBeforeNotice 前置通知类文件、MyAfterNotice 后置通知类文件和 MyThrowsNotice 异常通知类文件。

3．开发模型实体模块

在工程中添加 Order.java、OrderList.java 类文件，Order.java 对应订单业务模型，OrderList.java 对应订单列表业务模型。类文件的编码如下：

Ordere.java：

```java
package com.ssm.model;

public class Order {
    private String orderId;
    private String userId;
    private String orderCommodity;
    private float orderMoney;
    private String orderTime;
    private boolean payState;
    private short orderState;

    public String getOrderId() {
        return orderId;
    }
    public void setOrderId(String orderId) {
        System.out.println("---Order : setOrderId()---");
        this.orderId = orderId;
    }
    public String getUserId() {
        return userId;
    }
    public void setUserId(String userId) {
        System.out.println("---Order : setUserId()---");
        this.userId = userId;
    }
    public String getOrderCommodity() {
        return orderCommodity;
    }
    public void setOrderCommodity(String orderCommodity) {
        System.out.println("---Order : setOrderCommodity()---");
        this.orderCommodity = orderCommodity;
    }
    public float getOrderMoney() {
        return orderMoney;
    }
    public void setOrderMoney(float orderMoney) {
        System.out.println("---Order : setOrderMoney()---");
        this.orderMoney = orderMoney;
    }
```

```java
public String getOrderTime() {
    return orderTime;
}
public void setOrderTime(String orderTime) {
    System.out.println("---Order : setOrderTime()---");
    this.orderTime = orderTime;
}
public boolean isPayState() {
    return payState;
}
public void setPayState(boolean payState) {
    System.out.println("---Order : setPayState ()---");
    this.payState = payState;
}
public short getOrderState() {
    return orderState;
}
public void setOrderState(short orderState) {
    System.out.println("---Order : setOrderState()---");
    this.orderState = orderState;
}
}
```

OrderList.java：

```java
package com.ssm.model;
import java.util.List;

public class OrderList {
    private List<Order> orders;

    public List<Order> getOrders() {
        return orders;
    }
    public void setOrders(List<Order> orders) {
        System.out.println("---OrderList : setOrders()---");
        this.orders = orders;
    }
}
```

4. 开发控制器模块

在工程中添加两个 Servlet 类文件：QueryAllServlet.java 和 QuerySingleServlet.java 类文件。QueryAllServlet.java 为检索全部订单业务控制器，QuerySingleServlet.java 为通过订单 ID 检索订单业务控制器，还需要在 Web 工程映射文件 web.xml 添加相应的 Servlet 映射配置。两个控制器类文件的编码如下：

QueryAllServlet.java：

```java
package com.ssm.web;
import java.io.IOException;
import java.io.PrintWriter;
import javax.servlet.ServletException;
import javax.servlet.http.HttpServlet;
import javax.servlet.http.HttpServletRequest;
import javax.servlet.http.HttpServletResponse;
import org.springframework.context.ApplicationContext;
Import org.springframework.context.support.ClassPathXmlApplicationContext;
import com.ssm.service.OrderQueryInf;

public class QueryAllServlet extends HttpServlet {
    public QueryAllServlet() {
        super();
    }
    public void destroy() {
        super.destroy();
    }
    public void doGet(HttpServletRequest request,HttpServletResponse response)
            throws ServletException, IOException {
    ApplicationContext context = new ClassPathXmlApplicationContext(
    "applicationContext.xml");
    OrderQueryInforderQuery=(OrderQueryInf)context.getBean("proxyFactory");
    String showOrder = orderQuery.queryAll();
    response.setContentType("text/html;charset=UTF-8");
    PrintWriter out = response.getWriter();
    out.println("<!DOCTYPE HTML PUBLIC \"-//W3C//DTD HTML 4.01
Transitional//EN\">");
        out.println("<HTML>");
        out.println("  <HEAD><TITLE>Query All Order</TITLE></HEAD>");
```

```
        out.println(" <BODY>");
        out.print(" <center>");
        out.print(showOrder);
        out.println("</center>");
        out.println(" </BODY>");
        out.println("</HTML>");
        out.flush();
        out.close();
    }
    public void doPost(HttpServletRequest request,HttpServletResponse response)
            throws ServletException, IOException {
    }
    public void init() throws ServletException {
    }
}
```

QuerySingleServlet.java：

```
package com.ssm.web;
import java.io.IOException;
import java.io.PrintWriter;
import javax.servlet.ServletException;
import javax.servlet.http.HttpServlet;
import javax.servlet.http.HttpServletRequest;
import javax.servlet.http.HttpServletResponse;
import org.springframework.context.ApplicationContext;
import org.springframework.context.support.ClassPathXmlApplicationContext;
import com.ssm.service.OrderQueryInf;

public class QuerySingleServlet extends HttpServlet {
    public QuerySingleServlet() {
        super();
    }
    public void destroy() {
        super.destroy();
    }
    public void doGet(HttpServletRequest request,HttpServletResponse response)
            throws ServletException, IOException {
    }
    public void doPost(HttpServletRequest request, HttpServletResponse response)
```

```
        throws ServletException, IOException {
ApplicationContext context = new ClassPathXmlApplicationContext
("applicationContext.xml");
OrderQueryInf orderQuery = (OrderQueryInf) context.getBean
("proxyFactory");
String orderId = request.getParameter("order_id");
String showOrder = orderQuery.queryById(orderId);
response.setContentType("text/html;charset=UTF-8");
PrintWriter out = response.getWriter();
out.println("<!DOCTYPE HTML PUBLIC \"-//W3C//DTD HTML 4.01
Transitional//EN\">");
out.println("<HTML>");
out.println(" <HEAD><TITLE>Query All Order</TITLE></HEAD>");
out.println(" <BODY>");
out.print(" <center>");
out.print(showOrder);
out.println("</center>");
out.println(" </BODY>");
out.println("</HTML>");
out.flush();
out.close();
}
public void init() throws ServletException {
}
}
```

5. 开发订单业务层模块

本模块包含三个业务类文件：OrderQueryInf.java、OrderQueryImpl.java 和 OrderLog.java 类文件。OrderQueryInf.java 为订单业务层的接口文件，包含订单检索的相关方法，OrderQueryImpl.java 为订单业务层接口的实现类文件，实现了接口的相关业务方法，OrderLog.java 为订单日志的实现类文件。三个类文件的编码如下：

OrderQueryInf.java：

```
package com.ssm.service;

public interface OrderQueryInf {
    public String queryAll();
```

```
    public String queryById(String orderId);
}
```

OrderQueryImpl.java：

```
package com.ssm.service;
import java.util.List;
import com.ssm.model.Order;
import com.ssm.model.OrderList;

public class OrderQueryImpl implements OrderQueryInf{
    private OrderList orderList;

    public String queryAll() {
        String showOrder = "";
        if (orderList != null) {
            List orders = orderList.getOrders();
            if (orders != null && orders.size() > 0) {
                showOrder = "<h3>订单检索结果</h3><table border=1>" +
                        "<tr><th>订单ID</th><th>用户ID</th>" +
                        "<th>订单商品</th><th>订单金额</th>" +
                        "<th>订单时间</th><th>付款状态</th>" +
                        "<th>订单状态</th></tr>";
                for (int i = 0; i < orders.size(); i++) {
                    Order order = (Order) orders.get(i);
                    showOrder = showOrder + "<tr><td>" + order.getOrderId()
                            + "</td><td>" + order.getUserId() + "</td><td>"
                            + order.getOrderCommodity() + "</td><td>"
                            + order.getOrderMoney() + "</td><td>"
                            + order.getOrderTime() + "</td><td>"
                            + order.isPayState() + "</td><td>"
                            + order.getOrderState() + "</td></tr>";
                }
                showOrder = showOrder +"</table>";
            }
        }
        return showOrder;
    }
    public String queryById(String orderId) {
```

```java
        String showOrder = "";
        if (orderList != null) {
            List orders = orderList.getOrders();
            if (orders != null && orders.size() > 0) {
                showOrder = "<h3>订单检索结果</h3><table border=1>"
                        + "<tr><th>订单ID</th><th>用户ID</th>"
                        + "<th>订单商品</th><th>订单金额</th>"
                        + "<th>订单时间</th><th>付款状态</th>"
                        + "<th>订单状态</th></tr>";
                for (int i = 0; i < orders.size(); i++) {
                    Order order = (Order) orders.get(i);
                    if (orderId.equals(order.getOrderId())) {
                        showOrder = showOrder + "<tr><td>" + order.
                    getOrderId()
                                + "</td><td>" + order.getUserId() +
                            "</td><td>"
                                + order.getOrderCommodity() + "</td><td>"
                                + order.getOrderMoney() + "</td><td>"
                                + order.getOrderTime() + "</td><td>"
                                + order.isPayState() + "</td><td>"
                                + order.getOrderState() + "</td></tr>";
                    }
                }
                showOrder = showOrder + "</table>";
            }
        }
        return showOrder;
    }
    public OrderList getOrderList() {
        return orderList;
    }
    public void setOrderList(OrderList orderList) {
        System.out.println("---OrderQueryImpl : setOrderList()---");
        this.orderList = orderList;
    }
}
```

OrderLog.java：

```
package com.ssm.service;
import java.io.File;
import java.io.FileWriter;
import java.io.IOException;
import java.io.PrintWriter;
import java.text.SimpleDateFormat;
import java.util.Date;

public class OrderLog {
    public static void writeLog(String filePath,String message) throws
IOException{
        File f = new File(filePath);
        SimpleDateFormat sdf = new SimpleDateFormat("yyyy-MM-dd HH:MM:SS");
        Date now = new Date();
        String logTime = sdf.format(now);
        FileWriter fw = new FileWriter(f, true);
        PrintWriter pw = new PrintWriter(fw);
        String logMess = logTime + " - " + message;
        pw.println(logMess);
        pw.close();
    }
}
```

6. 开发横截面模块

本模块包含前置通知、后置通知、异常通知三个组件,分别对应 MyBeforeNotice.java、MyAfterNotice.java、MyThrowsNotice.java 类文件。用户检索订单前其操作将由前置通知记入日志文件,用户检索订单后操作结果将由后置通知同样记入日志文件,若订单检索过程发生系统或业务异常将由异常通知记录入日志文件。三个类文件的编码如下:

MyBeforeNotice.java:

```
package com.ssm.aop;
import java.lang.reflect.Method;
import org.springframework.aop.MethodBeforeAdvice;
import com.ssm.service.OrderLog;

public class MyBeforeNotice implements MethodBeforeAdvice{
    public void before(Method meth, Object[] args, Object tar)
            throws Throwable {
```

```
        String filePath = "D:/OrderRun.log";
        String message = "客户正在请求'"+meth.getName() + "'方法...";
        OrderLog.writeLog(filePath, message);
    }
}
```

MyAfterNotice.java：

```
package com.ssm.aop;
import java.lang.reflect.Method;
import org.springframework.aop.AfterReturningAdvice;
import com.ssm.service.OrderLog;

public class MyAfterNotice implements AfterReturningAdvice{
    public void afterReturning(Object returnVal, Method meth, Object[]
args,Object tar) throws Throwable {
        String filePath = "D:/OrderRun.log";
        String message = "客户请求'"+meth.getName() + "'方法完毕";
        OrderLog.writeLog(filePath, message);
    }
}
```

MyThrowsNotice.java：

```
package com.ssm.aop;
import java.io.IOException;
import org.springframework.aop.ThrowsAdvice;
import com.ssm.service.OrderLog;

public class MyThrowsNotice implements ThrowsAdvice{
    public void afterThrowing(Exception ex){
        String filePath = "D:/OrderSystem.log";
        String message = ex.toString();
        try {
            OrderLog.writeLog(filePath, message);
        } catch (IOException e) {
            e.printStackTrace();
        }
    }
}
```

7. 前端视图页面开发

前端视图页面包括 Web 工程首页 index.jsp 文件以及通过订单 ID 检索视图页面 order_query.jsp。两个视图页面的编码如下：

index.jsp：

```jsp
<%@ page language="java" import="java.util.*" pageEncoding="UTF-8"%>
<!DOCTYPE HTML PUBLIC "-//W3C//DTD HTML 4.01 Transitional//EN">
<html>
  <head>
    <title>首页</title>
  </head>
  <body>
    <center>
    <h3>订单查询</h3>
    <font size="2" color="blue">
    <a href="order_query.jsp">按订单ID查询</a>
    <a href="queryAll.s1">查询所有订单</a>
    </font>
    </center> <br>
  </body>
</html>
```

order_query.jsp：

```jsp
<%@ page language="java" import="java.util.*" pageEncoding="UTF-8"%>
<!DOCTYPE HTML PUBLIC "-//W3C//DTD HTML 4.01 Transitional//EN">
<html>
  <head>
    <title>首页</title>
  </head>
  <body>
    <center>
    <h3>按订单ID查询</h3>
    <font size="2" color="gray">
    <form action="queryId.s2" method="post">
        订单ID: <input type="text" name="order_id"><br>
        <input type="submit" value="  提   交  ">
    </form>
```

```
    </font>
    </center>
  </body>
</html>
```

8. IoC 容器配置

IoC 容器配置文件即 Spring 框架配置文件，里面定义了各种类型的业务 Bean 以及相互之间的依赖关联关系，同时也定义了横截面编程的相关代理配置及各种通知类型组件的关联配置，该文件默认名称为 applicationContext.xml，文件的配置如下：

applicationContext.xml：

```xml
<?xml version="1.0" encoding="UTF-8"?>
<beans xmlns="http://www.springframework.org/schema/beans"
xmlns:xsi="http://www.w3.org/2001/XMLSchema-instance"
xmlns:p="http://www.springframework.org/schema/p"
xsi:schemaLocation="http://www.springframework.org/schema/beans
http://www.springframework.org/schema/beans/spring-beans-3.0.xsd">

    <!-- 订单模型实例1 -->
    <bean id="order_1" class="com.ssm.model.Order">
        <property name="orderId" value="A0001"></property>
        <property name="userId" value="U100"></property>
        <property name="orderCommodity" value="服装"></property>
        <property name="orderMoney" value="300"></property>
        <property name="orderTime" value="2020-10-21 09:10:20"></property>
        <property name="payState" value="true"></property>
        <property name="orderState" value="1"></property>
    </bean>

    <!-- 订单模型实例2 -->
    <bean id="order_2" class="com.ssm.model.Order">
        <property name="orderId" value="A0002"></property>
        <property name="userId" value="U200"></property>
        <property name="orderCommodity" value="文具"></property>
        <property name="orderMoney" value="350"></property>
        <property name="orderTime" value="2020-11-11 13:10:00"></property>
        <property name="payState" value="false"></property>
```

```xml
        <property name="orderState" value="1"></property>
    </bean>

    <!-- 订单模型实例3 -->
    <bean id="order_3" class="com.ssm.model.Order">
        <property name="orderId" value="A0003"></property>
        <property name="userId" value="U300"></property>
        <property name="orderCommodity" value="食品"></property>
        <property name="orderMoney" value="450"></property>
        <property name="orderTime" value="2020-12-15 14:30:00"></property>
        <property name="payState" value="false"></property>
        <property name="orderState" value="0"></property>
    </bean>

    <!-- 订单模型列表实例 -->
    <bean id="orderList" class="com.ssm.model.OrderList">
        <property name="orders">
            <list>
                <ref bean="order_1" />
                <ref bean="order_2" />
                <ref bean="order_3" />
            </list>
        </property>
    </bean>

    <!-- 订单查询接口实现类实例 -->
    <bean id="orderQueryImpl" class="com.ssm.service.OrderQueryImpl">
        <property name="orderList">
            <ref bean="orderList" />
        </property>
    </bean>

    <!-- 前置通知 -->
    <bean id="orderQueryBefore" class="com.ssm.aop.MyBeforeNotice">
    </bean>
    <!-- 后置通知 -->
    <bean id="orderQueryAfter" class="com.ssm.aop.MyAfterNotice"></bean>
    <!-- 异常通知 -->
    <bean id="orderQueryThrows" class="com.ssm.aop.MyThrowsNotice"></bean>
```

```
<!--AOP代理工厂实例-->
<bean id="proxyFactory" class="org.springframework.aop.framework.
ProxyFactoryBean">

    <!--被通知组件拦截的接口-->
    <property name="interfaces">
        <list>
            <value>com.ssm.service.OrderQueryInf</value>
        </list>
    </property>

    <!--通知组件所拦截的目标对象（OrderQueryInf接口实现类）-->
    <property name="targetName">
        <value>orderQueryImpl</value>
    </property>

    <!--自定义通知组件拦截器类-->
    <property name="interceptorNames">
        <list>
            <value>orderQueryBefore</value>
            <value>orderQueryAfter</value>
            <value>orderQueryThrows</value>
        </list>
    </property>
</bean>

</beans>
```

9. 配置工程映射文件

工程映射文件 web.xml 中包含两个方面的主要配置，分别是控制器 Servlet 组件映射和 IoC 容器监听配置。IoC 容器监听主要包括指定 IoC 容器配置文件及指定监听类，以实现 Web 服务启动时即可实例化 IoC 容器中所有业务 Bean 的实例。web 文件的配置如下：

web.xml：

```
<?xml version="1.0" encoding="UTF-8"?>
<web-app version="2.5" xmlns="http://java.sun.com/xml/ns/javaee"
```

```xml
xmlns:xsi="http://www.w3.org/2001/XMLSchema-instance"
xsi:schemaLocation="http://java.sun.com/xml/ns/javaee
http://java.sun.com/xml/ns/javaee/web-app_2_5.xsd">

<!-- Web工程首页配置 -->
<welcome-file-list>
    <welcome-file>index.jsp</welcome-file>
</welcome-file-list>

<!-- IoC容器监听配置 -->
<context-param>
    <param-name>contextConfigLocation</param-name>
    <param-value>/WEB-INF/classes/applicationContext.xml</param-value>
</context-param>
<listener>
    <listener-class>org.springframework.web.context.ContextLoaderListener
</listener-class>
    </listener>

<!-- Servlet组件映射配置 -->
<servlet>
    <servlet-name>QuerySingleServlet</servlet-name>
    <servlet-class>com.ssm.web.QuerySingleServlet</servlet-class>
</servlet>
<servlet>
    <servlet-name>QueryAllServlet</servlet-name>
    <servlet-class>com.ssm.web.QueryAllServlet</servlet-class>
</servlet>
<servlet-mapping>
    <servlet-name>QuerySingleServlet</servlet-name>
    <url-pattern>*.s2</url-pattern>
</servlet-mapping>
<servlet-mapping>
    <servlet-name>QueryAllServlet</servlet-name>
    <url-pattern>*.s1</url-pattern>
</servlet-mapping>

</web-app>
```

10. Web 工程集成部署

Web 工程按以上步骤开发完毕后部署到 Tomcat 服务器上，启动中间件完毕后即可看到如图 2-4 所示的输出，这些信息是业务 Bean 的 set×××方法中的标识性输出语句，输出相关信息则证明业务 Bean 的实例已经被创建出来。

图 2-4　Web 服务器启动输出

访问 Web 工程首页即可看到如图 2-5 所示的订单操作视图，点击"查询所有订单"项可看到如图 2-6 所示的全部订单数据，当选择"按订单 ID 查询"项时会转跳到如图 2-7 所示的单个订单检索页面，输入订单 ID 后可看到如图 2-8 所示的订单检索数据视图。

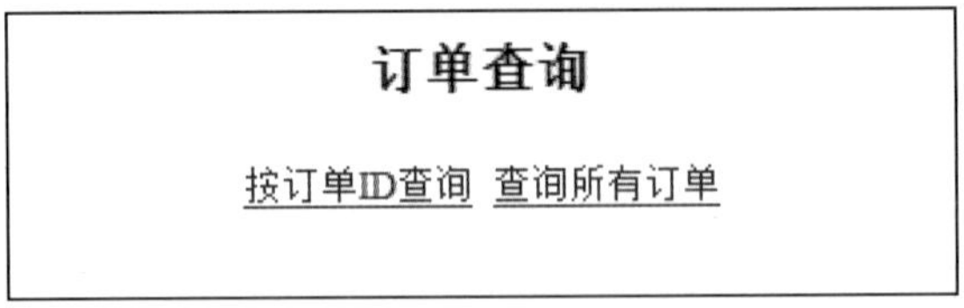

订单查询

按订单ID查询　查询所有订单

图 2-5　Web 工程首页视图

订单检索结果

订单ID	用户ID	订单商品	订单金额	订单时间	付款状态	订单状态
A0001	U100	服装	300.0	2020-10-21 09:10:20	true	1
A0002	U200	文具	350.0	2020-11-11 13:10:00	false	1
A0003	U300	食品	450.0	2020-12-15 14:30:00	false	0

图 2-6　全部订单检索数据视图

图 2-7　通过订单 ID 检索视图

订单检索结果

订单ID	用户ID	订单商品	订单金额	订单时间	付款状态	订单状态
A0002	U200	文具	350.0	2020-11-11 13:10:00	false	1

图 2-8　单个订单检索数据视图

在 D 盘的根目录下还可以看到通过横截面编程装配的两个日志文件，OrderRun.log 为用户操作订单行为的日志记录信息，如图 2-9 所示，OrderSystem.log 为系统运行过程中出现异常问题的日志记录信息，如图 2-10 所示。

图 2-9　OrderRun.log 日志文件信息

图 2-10　OrderSystem.log 日志文件信息

第 3 章
Spring 框架高级应用

本章将讨论 Spring 框架在 Web 工程项目设计与开发过程中的核心应用功能及相关用法，讲解注解注入、事务控制、微服务等原理思想，详细论述声明式事务控制方式以及 REST 在 Web 开发中的应用与实现过程。

3.1　注解注入

注解注入（Annotation）是一种使用注解方式来替代 Java 编程语言中的复杂配置与编码，其能在一定程度上简化编码，提高编程开发的效率，但也会弱化代码的可读性，增加后续代码或模块维护的难度。尽管如此，随着 Java 编程领域对此新特性的广泛接纳，现已成为 Java 语言领域的一个普遍应用。

注解注入最早出现在 JDK1.5 的版本当中，随后在 Spring 框架 2.0 的版本之中推出了少量的注解注入实现，能实现简单、基本的实例化功能，在编程实践中得到了较好的应用。在此基础上，Spring 框架 3.0 之后便大举推出多种形式的注解与实现，从此注解注入正式成为 Spring 框架的一个新亮点、新特性。

3.1.1　注解注入原理思想

Spring 框架在注解注入出现之前，IoC 容器对 Bean 实例的管理都是通过在配置文件中声明配置，配置文件将会变得非常臃肿。注解注入就是把 Bean 的配置声明从文件转移到注解当中，从而简化复杂的声明配置，达到提高编码开发效率的目的。在一些较理想的模块编码中，通过注解注入的简化还可以达到 IoC 容器配置文件零配置声明的程度。

注解注入的实现方式与配置文件中的 Bean 声明配置本质上是相同的，都是通过反射机制、动态代理、属性赋值等步骤实现对 Bean 实例的构建管理过程。使用注解注入方式对 Bean 实例进行依赖管理时，需要在 IoC 容器的 XML 配置文件中作相应的头文件声明，同时需要在 IoC 容器配置文件中通过相应节点标签声明注解注入的生效范围，在下面的 IoC 容器注解注入配置文件的头文件声明中，现作相关说明。

（1）通过以下头文件声明，使注解标签生效。

```
xmlns:context="http://www.springframework.org/schema/context"
xsi:schemaLocation="http://www.springframework.org/schema/context
http://www.springframework.org/schema/context/spring-context-3.0.xsd"
```

（2）通过<context:component-scan>标签节点声明项目工程中注解注入的作用范围为 com.ssm.web 包。

```
<context:component-scan base-package="com.ssm.web" />
```

IoC 容器注解注入头文件声明：

```
<?xml version="1.0" encoding="UTF-8"?>
<beans xmlns="http://www.springframework.org/schema/beans"
    xmlns:context="http://www.springframework.org/schema/context"
    xmlns:xsi="http://www.w3.org/2001/XMLSchema-instance"
    xmlns:p="http://www.springframework.org/schema/p"
    xsi:schemaLocation="http://www.springframework.org/schema/beans
    http://www.springframework.org/schema/beans/spring-beans-3.0.xsd
    http://www.springframework.org/schema/context
    http://www.springframework.org/schema/context/spring-context-3.0.xsd
    http://www.springframework.org/schema/beans/spring-beans-3.0.xsd">

    <context:component-scan base-package="com.ssm.web" />
</beans>
```

3.1.2　Service 注解

Service 注解是一个类级别的注解，标注在类的外部，表示要构建一个此类的 Bean 实例，相当于 IoC 容器中的<bean id="beanName">配置，一般来说该注解用于对业务层的模块类进行注解标注。

语句格式：

```
@Service("beanName")
```

beanName 为新构建实例的名称，为可选项。新构建的实例名称默认与类名相同，其中第一个字母小写。

在以下的 Animal.java 文件中，Dog、Sheep、Tiger、Cat 四个实现子类的外部均标注了@Service 的注解，所以在 IoC 容器中会主动构建此四个子类的实例，在构建实例之时也会调用各子类中的构造方法。因 Dog 与 Sheep 两个实现子类的注解上只标注了@Service，没有指定实例名称，则构建出来的实例会以本类名来命名，分别是："dog"与"sheep"。因 Tiger 与 Cat 两个实现子类的注解上分别标注了@Service("myTiger")、@Service("myCat")，则构建出来的实例会以指定的名称来命名，分别是："myTiger"与"myCat"。

Animal.java：

```
package com.ssm.web;
import org.springframework.stereotype.Service;

public interface Animal {
    public void eat();
}

@Service
class Dog implements Animal{
    public Dog(){
        System.out.println("--Dog is creating-");
    }

    public void eat() {
        System.out.println("A dog is eating bone...");
    }
}

@Service
class Sheep implements Animal{
    public Sheep(){
```

```
        System.out.println("--Sheep is creating-");
    }

    public void eat() {
        System.out.println("A sheep is eating green grass...");
    }
}

@Service("myTiger")
class Tiger implements Animal{
    public Tiger(){
        System.out.println("--Tiger is creating-");
    }

    public void eat() {
        System.out.println("A tiger is eating meat...");
    }
}

@Service("myCat")
class Cat implements Animal{
    public Cat(){
        System.out.println("--Cat is creating-");
    }

    public void eat() {
        System.out.println("A Cat is eating fish...");
    }
}
```

3.1.3 Autowired 注解

Autowired 注解是一个属性级别的注解，标注在类的内部的全局属性上，表示按照类型装配一个属性值，即按全局属性的类型来注入一个与之相匹配的实例，相当于 IoC 容器中的<property name="">配置。

该注解常与另一个@Qualifier 注解相配合，实现按名称注入属性的实例。特别注意，@Qualifier 不能单独使用，是一个从属注解。

语句格式：

```
@Autowired
```

按类型注入一个 bean 实例。

语句格式：

```
@Qualifier("beanName")
```

（1）可实现按名字注入 bean 实例；

（2）beanName 为要注入的实例名称；

（3）与@Autowired 配合使用，不能单独存在。

在以下的 Person.java 文件中，France、Japan、China 为 Person 接口的实现子类，在 Test 类中定义了以上三种类型的属性：c1、p1、p2。

在属性 c1 上直接标注了@Autowired 注解，表示要注入一个 China 类型的实例。在属性 p1、p2 上标注了@Autowired 注解，表示要注入一个 Person 类型的实例，但从代码中可以看到 Person 类型的实例有三个，分别是 "france" "japan" "china"。单独通过类型无法判断具体要注入哪一个 bean 实例，所以这时要借助@Qualifier 注解补充说明要注入的 bean 的名称才能确定唯一的实例。

c1、p1、p2 三个属性注入相应 bean 实例后，即可在相关业务方法中使用，如 Test 类中的 mytest 方法。

Person.java：

```java
package com.ssm.web;
import org.springframework.beans.factory.annotation.Autowired;
import org.springframework.beans.factory.annotation.Qualifier;
import org.springframework.stereotype.Service;

public interface Person {
    public void language();
}

@Service
class France implements Person{
    public void language() {
```

```java
        System.out.println("--The official language of France is French -");

    }
}

@Service
class Japan implements Person{
    public void language() {
        System.out.println("--The official language of Japan is Japanese-");
    }
}

@Service
class China implements Person{
    public void language() {
        System.out.println("--The official language of China is Chinese
        -");
    }
}

@Service
class Test{

    @Autowired
    private China c1;

    @Autowired
    @Qualifier("france")
    private Person p1;

    @Autowired
    @Qualifier("japan")
    private Person p2;

    public void mytest(){
        c1.language();
        p1.language();
        p2.language();
    }
}
```

3.1.4　Resource 注解

Resource 注解同样是一个属性级别的注解，标注在模块类内部的全局属性上，默认情况下是按照属性的名称来装配一个属性值，如果按名称无法完成装配，则会按属性的类型来查找 bean 实例进行装配，如果同一类型的实例有多个，则要通过名称显示指定要注入的 bean 实例。实际上，Resource 注解相当于同时具备了 Autowired 与 Qualifier 注解的功能，是一个属性级别的超级注解，也是一个相当常使用的依赖注解。语句格式：

```
@Resource(name="beanName")
```

默认通过 byName 方式装配属性，byName 方式无法完成装配时，则按 byType 方式完成装配。可显示指定通过 beanName 指定实例进行装配。

在以下的 Bi.java 文件中，QianBi、GangBi、MaoBi 为 Bi 接口的实现子类，在 TestBi 类中定义了以上三种类型的属性：qianBi、gb、bi。

Bi.java：

```java
package com.ssm.web;
import javax.annotation.Resource;
import org.springframework.stereotype.Service;

public interface Bi {
    public void write();
}

@Service("qianBi")
class QianBi implements Bi{
    public void write() {
        System.out.println("--Hello QianBi-");
    }
}

@Service("gangBi")
class GangBi implements Bi{
    public void write() {
        System.out.println("--Hello GangBi-");
    }
}
```

```
@Service("maoBi")
class MaoBi implements Bi{
    public void write() {
        System.out.println("--Hello MaoBi-");
    }
}

@Service("testBi")
class TestBi{

    //按名称注入
    @Resource
    private QianBi qianBi;

    //按类型注入
    @Resource
    private GangBi gb;

    //显式按指定的名称注入
    @Resource(name="maoBi")
    private Bi bi;

    public void dotest(){
        qianBi.write();
        gb.write();
        bi.write();
    }
}
```

在属性 qianBi 上标注了@Resource 注解，将首先按名字在 IoC 容器中查找一个名称为 "qianBi" 的 bean 实例，找到后直接注入该属性中。

在属性 gb 上同样标注了@Resource 注解，首先也是按属性的名称到 IoC 容器中查找相应的 bean 实例，无法找名称为 "gb" 的实例，则启动按属性类型匹配 bean 实例的方式，在 IoC 容器中匹配到一个 GangBi 类型的实例后，则直接以此实例注入 gb 属性中。

在属性 bi 上也标注了@Resource 注解，但无论是按属性的名称还是按属性的类型，都无法在 IoC 容器中确定唯一的 bean 实例，因此只能通过显式指定 bean 实例名称的方式，去查找一个名字为"maoBi"的 bean 实例注入此属性中。

qianBi、gb、bi 三个属性注入相应 bean 实例后，即可在相关业务方法中使用，如 TestBi 类中的 dotest 方法。

3.1.5　其他类型注解

Spring 框架的注解实现非常丰富，除了前面章节所列的核心、常使用的注解外，还有其他众多的注解类。在 Web 项目工程设计与开发中，这些形式多样的注解能实现在不同层次的系统功能模块中灵活地使用注解配置。注解注入除了配置在模块类外部、模块类全局属性上，还可以配置在方法函数上，以实现复杂的功能需求，满足特定的系统或业务需求。

1. Component 注解

Component 注解是 Spring 框架中较早出现的一个注解类，是一个类级别的注解，标注在类的外部。其注解含义是要把所标的模块类进行实例化，作用与前面所论述的 Service 注解是一样的，但 Service 注解专门用于标注在系统业务层的模块类上，而 Component 注解则没有这一限制，可以标注任一模块类。这是由于在注解注入特性推出的早期没有考虑到系统分层架构这一方面，Service 注解比 Component 注解具有更好的代码可读性。

2. Controller 注解

Controller 注解是从 Component 注解中分化出来的一个注解类。由于 Component 注解存在所标注的模块类的层次归属不清晰问题，Controller 注解就应时而生。Controller 注解主要针对系统分层架构体系中控制层的模块类，凡用 Controller 注解标注的模块类一般可认为是系统的一个控制器类，这样从注解就能区分模块类的层次归属，在很大程度上改善了注解注入特性的代码可读性。

3. Repository 注解

Repository 注解同样是从 Component 注解中分化出来的注解类，同样针对 Component 注解所标注的模块类的层次归属不清晰问题。Repository 注解的出现主要针对系统分层架构体系中数据存储层的模块类，凡用 Repository 注解标注的模块类一般可认为是系统的存储层的模块类，即通常 Web 工程系统 DAO 模块包下的类文件。

4. PostConstruct 注解

PostConstruct 注解是一个类内部的注解标注，其标注在方法或函数的上方，在方法上标注该注解后，类实例化完成后会立刻执行该方法。一般来说，一些模块类的初始化方法，会做些标注，以实现一些全局性资源初始化的动作，例如属性的初始化、依赖资源的实例化等操作。

5. PreDestroy 注解

PreDestroy 注解同样是一个类内部的注解标注，同样也标注在方法或函数的上方，在方法上标注该注解后，bean 实例被销毁前会执行该方法。一般来说，此注解用于 bean 实例销毁的一些清理性操作，如释放依赖对象所占据的数据资源、释放引用、回收内存等。

在以下的 MyService.java 文件类中定义了三个方法：构造方法、initService、endService，其中在 initService 方法上标注了 @PostConstruct，在 endService 方法上标注了 @PreDestroy。在 MyService 类进行实例化时会先执行构造方法，实例化完毕后立刻执行 initService 方法，最后在销毁 MyService 实例前，会执行 endService 方法。

MyService.java：

```java
package com.ssm.web;
import javax.annotation.PostConstruct;
import javax.annotation.PreDestroy;
import org.springframework.stereotype.Service;

@Service
public class MyService {
    public MyService(){
        System.out.println("--MyService is creatting--");
    }

    @PostConstruct
    public void initService(){
        System.out.println("--initService() is invoking--");
    }
```

```
@PreDestroy
public void endService(){
    System.out.println("--endService() is invoking--");
}
}
```

3.2　事务控制管理

事务控制是 Spring 框架的一个重要核心模块，也是 Spring 框架中的一个重要亮点。相比于直接使用 Java 语言中的 JTA 事务管理接口，Spring 框架支持配置式事务管理，在编程开发中能更加灵活，编码更加高效、简洁，在 Java EE 技术领域深受广大开发人员的喜爱。

3.2.1　Spring 事务传播行为

按照相关定义，事务是一种保证业务完整性的机制。Spring 框架中的事务存在 7 种传播行为，每种传播行为都有自己特定的行为角色，以实现在复杂应用系统中各种需求场合下对不同类型业务完整性的有效保证。

1. 传播行为：PROPAGATION_REQUIRED

一个方法必须运行于事务当中，如果当前存在事务则方法加入当前事务中，如果当前方法没有事务，则必须开启一个事务，以满足传播行为的要求。在 Spring 框架中，没有设定事务传播行为的情况下，默认的事务传播行为为 PROPAGATION_REQUIRED。

2. 传播行为：PROPAGATION_REQUIRED_NEW

一个方法必须运行于新事务中，如果当前存在事务则暂停当前事务，新开启一个事务，然后该方法加入新开启的事务中；如果当前方法没有事务，则开启一个新事务，然后再加入其中。

3. 传播行为：PROPAGATION_NESTED

一个方法必须运行于嵌套事务中，如果当前存在事务则新启动一个内层事务并加入其中形成嵌套事务；如果当前方法没有事务，则开启一个新事务，然后再加入其中。

嵌套事务是一种相对特殊的事务，外层事务也称为父事务，内层事务也称为子事务，内层事务可以有多个，同时内层事务依赖于外层事务，当外层事务失败时，内层事务将全部回滚，但内层事务的失败并不会导致外层事务回滚。

4. 传播行为：PROPAGATION_MANDATORY

一个方法必须运行于事务当中，如果当前存在事务则方法加入当前事务中，如果当前不存在事务则在方法中抛出异常。该传播行为强制规定了方法必须运行于事务当中，否则将无法完整执行。

5. 传播行为：PROPAGATION_SUPPORTS

方法可以运行于事务的上下文环境中，如果当前存在事务则方法加入当前的事务之中，如果当前不存在事务则方法可以运行在非事务的环境中。该传播行为能适应任何事务环境，是一种万能行为。

6. 传播行为：PROPAGATION_NOT_SUPPORTED

方法不能运行于事务环境中，如果当前已经存在事务则暂时中断当前事务，后继再恢复，如果当前不存在事务则方法正常运行。该传播行为是一种事务排斥行为，不能与事务共存。

7. 传播行为：PROPAGATION_NEVER

方法总是以非事务的方式执行，不能运行于事务环境中，如果当前已经存在事务则强制抛出异常，中断流程方法，如果当前不存在事务则方法正常运行。该传播行为同样是一种事务排斥行为，不能与事务共存。

3.2.2　Spring 事务管理接口 API

Spring 框架支持编程式事务及声明式事务两种方式。编程式事务需要程序员直接通过事务 API 接口进行事务编码开发，声明式事务即配置式事务，通过对 IoC 容器做相关配置即可实现对程序的事务控制。Spring 框架的编程事务管理接口相对简单，主要有三类，分别是事务管理器、事务定义器、事务状态器。

1. 事务管理器

Spring 框架事务管理器是一个编程式的事务操作接口类，提供了事务控制操作的基本方法，该接口为 PlatformTransactionManager，位于 org.springframework.transaction 包中，接口内部提供了三种方法用于对事务的编程操作。

```
public TransactionStatus getTransaction(TransactionDefinition tranDef)
```

方法用于实现获取事务的状态信息操作。

```
public void commit(TransactionStatus status)
```

方法用于实现提交事务操作。

```
public void rollback(TransactionStatus status)
```

方法用于实现回滚事务操作。

2. 事务定义器

Spring 框架事务定义器是一个编程式的事务定义接口，提供了获取事务信息相关的 API 方法，该接口为 TransactionDefinition，同样位于 org.springframework.transaction 包中，接口内部提供了五种基本操作方法，接口中的方法全部为数据获取方法，不会影响事务的行为。

```
public String getName()
```

方法用于实现获取事务对象名称操作。

```
public int getTimeout()
```

方法用于实现获取事务设定的超时长短操作。

```
public boolean isReadOnly()
```

方法用于实现获取事务是否为只读属性操作。

```
public int getIsolationLevel()
```

方法用于实现获取事务隔离级别操作。

```
public int getPropagationBehavior()
```

方法用于实现获取事务传播行为操作。

3. 事务状态器

Spring 框架事务状态器是一个编程式的事务状态描述接口，提供了对事务状态管理的基本 API 方法，该接口为 TransactionStatus，跟前面两个接口一样，位于 org.springframework.transaction 包中，接口内部提供了六种基本方法用于对事务的状态的读取、设置等业务操作。

```
public boolean isCompleted()
```

方法用于实现获取事务是否完成操作。

```
public boolean isNewTransaction()
```

方法用于实现获取是否为新事务操作。

```
public boolean hasSavepoint()
```

方法用于实现获取是否设置事务保存点操作。

```
public boolean isRollbackOnly()
```

方法用于实现获取事务是否为回滚事务操作。

```
public void setRollbackOnly()
```

方法用于实现设置事务为回滚事务操作。

```
public void flush()
```

方法用于实现刷新事务操作。

3.2.3　Spring 声明式事务配置

Spring 框架中声明式事务也叫自动事务，通过对 IoC 容器中事务的配置管理，来实现把事务委托给 IoC 容器，从而实现对 bean 实例的自动事务管理功能。声明式事务是一种先在 XML 文件中声明事务的基本规则，然后依据系统运行时，系统的操作行为是否与事先定义的事务规则相匹配来进行事务控制的一种事务管理方式。

1. XML 头文件声明

要通过 IoC 容器的 XML 文件进行声明式事务配置，首先要在 xml 的头文件中加入相关命名空间的声明，以使文件中的相关事务标签能正常使用。如以下文件声明所示，在 XML 头文件中加入 xmlns:tx 事务命名空间声明及 xmlns:aop 横截面装配命名空间声明，同时在 xsi:schemaLocation 中加入事务命名空间 URI 值与事务命名空间 Schema 文档的位置值，最后还要加入横截面装配命名空间 URI 值与 Schema 文档位置值。

XML 头文件命名空间声明：

```
xmlns:aop="http://www.springframework.org/schema/aop"
xmlns:tx="http://www.springframework.org/schema/tx"
xsi:schemaLocation="http://www.springframework.org/schema/tx
http://www.springframework.org/schema/tx/spring-tx.xsd
http://www.springframework.org/schema/aop
http://www.springframework.org/schema/aop/spring-aop.xsd"
```

2. 事务管理器定义

事务管理器是专门进行事务管理的一个组件，Spring 框架中进行声明式事务管理必须在 IoC 容器中配置此组件实例。该组件是一个名称为 "DataSourceTransactionManage" 的模块类，位于 org.springframework.jdbc.datasource 包中。组件中有一个 "dataSource" 属性，需要注入一个数据源实例，主要实现对数据源事务的操作控制。

事务管理器配置：

```
<bean id="myTranManager"
    class="org.springframework.jdbc.datasource.DataSourceTransactionManager">
    <property name="dataSource">
        <ref local="db_ds" />
    </property>
</bean>
```

3. 事务规则定义标签

事务规则标签是一个声明事务行为规则的核心标签，可以为系统各种操作行为定制相应的事务机制。事务通知器可以通过对事务的传播行为、隔离级别、超时时长、是否只读、是否回滚等方面管控来实现对事务行为规则的全面管理。

属性 1：name，受事务控制的方法名称（必选项配置）。

属性 2：isolation，事务的隔离级别（可选项配置，默认为数据源中所设定级别）。

属性 3：propagation，事务传播行为（可选项配置，默认为 REQUIRED）。

属性 4：read-only，事务是否为只读事务（可选项配置，默认为否）。

属性 5：timeout，事务的超时时长（可选项配置）。

属性 6：rollback-for，触发事务回滚的异常（可选项配置，默认为运行时异常）。

在以下的事务通知器配置中可以看到，事务通知器要归属于某个事务管理器，如本事务通知器归属于前面定义的事务管理器"myTranManager"；同时还可以使用通配符来定义受事务控制的方法，如本事务通知器中配置了凡以"add"、"remove""update""query"等字符开头的方法将受本事务组件的管控；除此之外，还可以为各个方法指定专门的事务传播行为，以及在业务方法中触发事务回滚操作的对应异常，若没有指定事务回滚的匹配异常，则默认的回滚异常是 RuntimeException。

事务通知器配置：

```
<tx:advice id="myTxAdvice" transaction-manager="myTranManager">
    <tx:attributes>
        <tx:method name="add*" propagation="REQUIRED" rollback-for=
"SQLException"/>
        <tx:method name="remove*" propagation="MANDATORY" rollback-for=
"IOException"/>
        <tx:method name="update*" propagation="NESTED" rollback-for=
"ArithmeticException"/>
        <tx:method name="query*" propagation="SUPPORTS" />
    </tx:attributes>
</tx:advice>
```

4. 事务横截面装配

事务装配是通过 AOP 横截面编程的方式，把事务模块织入应用程序当中，在事务的织入过程中需要声明 AOP 的切入点及通知触发点。在 AOP 的切入点标签中，通过 expression 属性的事务表达式声明模块中相关业务方法的事务受控范围。

表达式：

```
execution(* ×××. ×××.*.*(..))
```

（1）"execution"表示声明事务生效范围表达式；

（2）"×××.×××"为模块包，表示此包范围内的业务方法才会受事务控制（需要声明到最内层的子包）；

（3）第 1 个"*"表示无论业务方法返回何类型均受事务控制；

（4）第 2 个"*"表示"×××.×××"包下的所有模块类均受事务的控制；

（5）第 3 个"*"表示"×××.×××"包下的相关模块类的所有业务方法均受事务的控制；

（6）小括号中".."表示业务方法的参数无论是何种形式均受事务的控制。

在如下的事务装配织入配置中，事务切入点声明了在"com.sms.web"包下的所有模块类的所有业务方法，无论参数是何种形式，无论返回值是何种类型，均受事务的控制。

事务 AOP 织入系统配置：

```
<aop:config>
    <aop:pointcut id="myTranPointCut"expression="execution(*com.sms.web.*.*(..))" />
    <aop:advisor advice-ref="myTxAdvice"pointcut-ref="myTranPointCut" />
</aop:config>
```

3.3　应用项目开发

注解注入及事务控制是 Spring 应用框架中的两个高级应用模块，注解注入能简化 Bean 实例的配置，提高了程序开发阶段的编码效率，声明式事务则在系统架构与设计中提供了高效的业务保障机制，同时灵活的事务定义规则能满足复杂场景下的业务需求。

3.3.1　模块功能描述

有订单、发货、付款三张数据表，当用户购买商品下单时，将同时往三张表插入相关数据。如果用户操作正确且业务流程正常，事务将正常提交，线上购买业务完成；如果用户操作不正确或业务流程有异常，事务将回滚到初始状态，保证数据的一致性与完整性。

1. 数 据 表

（1）订单数据表（t_order）：

①订单 ID（order_id） varchar（45） Primary Key；

②下单用户(order_user_id) varchar（45）；

③订单商品（order_commodity） varchar（45）；

④商品数量（order_commodity_amount）varchar（45）；

⑤下单时间（order_time）datetime；

⑥订单状态（order_state）smallint。

（2）发货数据表（t_send）：

①发货 ID（send_id）varchar（45）Primary Key；

②发货订单(order_id)varchar（45）；

③快递公司（send_company）varchar（45）；

④投递人员（send_person）varchar（45）。

（3）付款数据表（t_pay）：

①付款 ID（pay_id）varchar（45）Primary Key；

②付款订单(order_id) varchar（45）；

③订单金额（order_total_money）int；

④商品数量（pay_type）smallint。

2. 事 务 控 制

（1）用户操作正确，业务流程完整，则事务正常提交。

（2）用户操作错误，业务流程有异常或不完整，则事务回滚。

3.3.2 模块编码开发

应用项目的开发过程包括数据环境创建、Web 工程搭建、Spring 框架组件添加、订单模型类开发、IoC 容器配置文件编码、事务模块织入系统、相关业务编码开发、测试验证等。

1. 数据库表环境创建

按相关表结构，通过 init.sql 脚本在 MySQL 数据库服务器中创建 t_order、t_send、

t_pay 三张数据表。

　　init.sql：

```
CREATE DATABASE IF NOT EXISTS mytran;
USE mytran;

DROP TABLE IF EXISTS t_order;
CREATE TABLE t_order (
  order_id varchar(45) NOT NULL,
  order_user_id varchar(45) NOT NULL,
  order_commodity varchar(45) NOT NULL,
  order_commodity_amount varchar(45) NOT NULL,
  order_time datetime NOT NULL,
  order_state smallint(5) unsigned NOT NULL,
  PRIMARY KEY (order_id)
) ENGINE=InnoDB DEFAULT CHARSET=utf8;

DROP TABLE IF EXISTS t_pay;
CREATE TABLE t_pay (
  pay_id varchar(45) NOT NULL,
  order_id varchar(45) NOT NULL,
  order_total_money int(10) unsigned NOT NULL,
  pay_type smallint(5) unsigned NOT NULL,
  PRIMARY KEY (pay_id)
) ENGINE=InnoDB DEFAULT CHARSET=utf8;

DROP TABLE IF EXISTS t_send;
CREATE TABLE t_send (
  send_id varchar(45) NOT NULL,
  order_id varchar(45) NOT NULL,
  send_company varchar(45) NOT NULL,
  send_person varchar(45) NOT NULL,
  PRIMARY KEY (send_id)
) ENGINE=InnoDB DEFAULT CHARSET=utf8;
```

2. 导入 Web 工程依赖 jar 文件

　　使用 IDE 集成开发工具搭建 Web 工程，导入 Spring 框架相关 jar 文件，如图 3-1 所示。

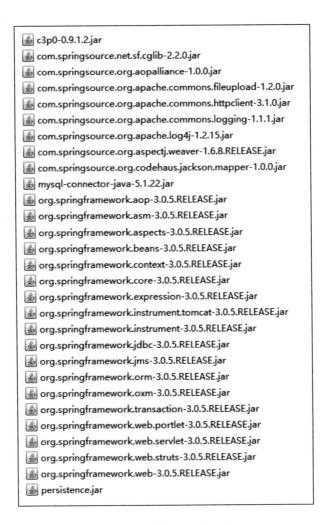

图 3-1　Web 项目工程 jar 文件

3. 构建工程模块包

Web 工程中包含两个模块包 service、web，在每个模块包下创建相应的业务类文件，如图 3-2 所示。

（1）模块包 com.ssm.tran.web，为 Web 工程控制器模块，包含 OrderServlet 控制器类文件。

（2）模块包 com.ssm.tran.service，为 Web 工程业务模块，包含 OrderInf 接口文件和

OrderImpl 实现类文件。

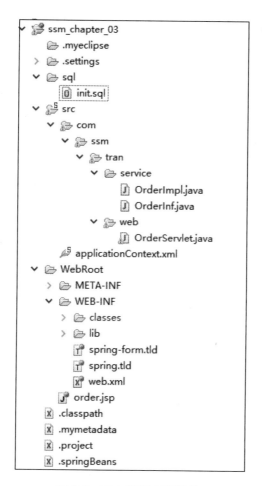

图 3-2　Web 项目工程结构

4. 开发控制器模块

在工程中添加控制器 Servlet 类文件 OrderServlet.java，为在线订单业务控制器组件，然后在 Web 工程映射文件 web.xml 中添加相应的 Servlet 映射配置。控制器类文件的编码如下：

OrderServlet.java：

```
package com.ssm.tran.web;
```

```java
import java.io.IOException;
import java.io.PrintWriter;
import javax.servlet.ServletException;
import javax.servlet.http.HttpServlet;
import javax.servlet.http.HttpServletRequest;
import javax.servlet.http.HttpServletResponse;
import com.ssm.tran.service.OrderInf;

public class OrderServlet extends HttpServlet {
    private static OrderInf order;
    public OrderServlet() {
        super();
    }
    public void destroy() {
        super.destroy();
    }

    public void doGet(HttpServletRequest request,HttpServletResponse response)
            throws ServletException, IOException {
    }
    public void doPost(HttpServletRequest request,HttpServletResponse response)
            throws ServletException, IOException {

        String commodityName = request.getParameter("commodity_name");
        String commodityAmount = request.getParameter("commodity_amout");
        String show = "";
        try{
            order.addOrder(commodityName, commodityAmount);
            show = "下单成功！";
        }
        catch(Exception e){
            show = "下单失败！";
            e.printStackTrace();
        }

        response.setContentType("text/html;charset=UTF-8");
        PrintWriter out = response.getWriter();
        out.println("<!DOCTYPE HTML PUBLIC \"-//W3C//DTD HTML 4.01
Transitional//EN\">");
```

```
        out.println("<HTML>");
        out.println("  <HEAD><TITLE>A Servlet</TITLE></HEAD>");
        out.println("  <BODY><center><h2>");
        out.print(show);
        out.println("</h2></center></BODY>");
        out.println("</HTML>");
        out.flush();
        out.close();
    }
    public void init() throws ServletException {
    }
    public OrderInf getOrder() {
        return order;
    }
    public void setOrder(OrderInf order) {
        OrderServlet.order = order;
    }
}
```

5. 开发在线购买商品下订单模块

本模块包含两个业务类文件: OrderInf.java 和 OrderImpl.java 类文件。OrdeInf.java 为在线订单的接口文件, OrderImpl.java 为在线订单接口的实现类文件, 实现了接口的相关业务方法 addOrder, 该实现类中将使用注解的方式进行相关 bean 实例注入。接口与实现类的编码如下:

OrderInf.java:

```
package com.ssm.tran.service;

public interface OrderInf {
    public void addOrder(String commodityName,String commodityAmount);
}
```

OrderImpl.java:

```
package com.ssm.tran.service;
import java.sql.Timestamp;
import java.util.Date;
```

```java
import javax.annotation.Resource;
import org.springframework.jdbc.core.JdbcTemplate;
import org.springframework.stereotype.Service;

@Service
public class OrderImpl implements OrderInf{
    @Resource
    private JdbcTemplate connTemplate;

    public void addOrder(String commodityName, String commodityAmount) {
        //数据插入订单表（order）
        Date now = new Date();
        Long nowTime = now.getTime();
        Timestamp orderTime = new Timestamp(nowTime);
        String orderId = nowTime.toString();
        String orderSql = "INSERT INTO t_order(order_id,order_user_id,
order_commodity,order_commodity_amount,order_time,order_state)VALUES
('"+orderId+"','U100','"+commodityName+"','"+commodityAmount+"','"+order
Time+"',1)";
        System.out.println("orderSql="+orderSql);
        connTemplate.update(orderSql);

        //数据插入配送表（send）
        now = new Date();
        nowTime = now.getTime();
        String sendId = nowTime.toString();
        String sendSql = "INSERT INTO t_send(send_id,order_id,send_company,
send_person) VALUES('"+sendId+"','"+orderId+"','中国邮政物流','李小明')";
        System.out.println("orderSql="+orderSql);
        connTemplate.update(sendSql);

        //数据插入付款表（pay）
        now = new Date();
        nowTime = now.getTime();
        String payId = nowTime.toString();
        //如果下订单页面所输入商品数量为非数字字符，此处将抛出数字格式化异常
        int commodityAmountVal = Integer.parseInt(commodityAmount);
        int orderTotalMoney = commodityAmountVal*8500;
```

```
        String paySql = "INSERT INTO t_pay(pay_id,order_id,order_total_money,
pay_type) VALUES('"+payId+"','"+orderId+"',"+orderTotalMoney+",2)";
        System.out.println("paySql="+paySql);
        connTemplate.update(paySql);
    }
}
```

6. 前端视图页面开发

前端视图页面为 Web 工程首页 order.jsp 文件，此视图页面可输入购买何种商品、购买数量及订单提交功能。视图页面的编码如下：

order.jsp：

```
<%@ page language="java" import="java.util.*" pageEncoding="UTF-8"%>
<!DOCTYPE HTML PUBLIC "-//W3C//DTD HTML 4.01 Transitional//EN">
<html>
  <head>
    <title>首页</title>
  </head>
  <body>
    <center>
    <h2>商品购买</h2>
    <form action="order.s" method="post">
        <table>
        <tr ><td>商品名称：</td><td><input type="text"name="commodity_name">
</td></tr>
        <tr><td>商品数量：</td><td><input type="text"name="commodity_amout">
</td></tr>
        <tr align="center"><td colspan="2"><input type="submit" value="
提交"></td></tr>
        </table>
    </form>
    </center>
  </body>
</html>
```

7. IoC 容器事务配置

在 IoC 容器文件 applicationContext.xml 中配置好注解及事务标签头文件空间声明、

注解注入的使用范围、数据源、数据源连接模板、事务管理器、事务通知标签、AOP 事务织入等方面细节，相关配置如下：

applicationContext.xml：

```xml
<?xml version="1.0" encoding="UTF-8"?>

<beans xmlns="http://www.springframework.org/schema/beans"
    xmlns:xsi="http://www.w3.org/2001/XMLSchema-instance"
    xmlns:aop="http://www.springframework.org/schema/aop"
    xmlns:tx="http://www.springframework.org/schema/tx"
    xmlns:context="http://www.springframework.org/schema/context"
    xsi:schemaLocation="http://www.springframework.org/schema/beans
    http://www.springframework.org/schema/beans/spring-beans-2.5.xsd
    http://www.springframework.org/schema/context
    http://www.springframework.org/schema/context/spring-context-2.5.xsd
    http://www.springframework.org/schema/tx
    http://www.springframework.org/schema/tx/spring-tx.xsd
    http://www.springframework.org/schema/aop
    http://www.springframework.org/schema/aop/spring-aop.xsd">

    <!-- 注解注入配置 -->
    <context:component-scan base-package="com.ssm.tran"/>
    <context:annotation-config/>

    <!-- C3P0数据源 -->
    <bean id="mysql_c3p0_ds" class="com.mchange.v2.c3p0.ComboPooledData
Source"
        destroy-method="close">
        <property name="driverClass">
            <value>com.mysql.jdbc.Driver</value>
        </property>
        <property name="jdbcUrl">
            <value>jdbc:mysql://127.0.0.1:3306/mytran</value>
        </property>
        <property name="user">
            <value>root</value>
        </property>
        <property name="password">
```

```xml
            <value>root</value>
        </property>
    </bean>

    <!-- Bean实例-->
    <bean id="orderServlet" class="com.ssm.tran.web.OrderServlet">
        <property name="order">
            <ref bean="orderImpl"/>
        </property>
    </bean>

    <!-- 数据库连接实例 -->
    <bean id="connTemplate" class="org.springframework.jdbc.core.JdbcTemplate">
        <property name="dataSource">
            <ref local="mysql_c3p0_ds" />
        </property>
    </bean>

    <!-- 事务管理器 -->
    <bean id="myTranManager"

class="org.springframework.jdbc.datasource.DataSourceTransactionMan
ager">
        <property name="dataSource">
            <ref local="mysql_c3p0_ds" />
        </property>
    </bean>

    <!-- 事务规则 -->
    <tx:advice id="myTxAdvice" transaction-manager="myTranManager">
        <tx:attributes>
            <tx:method name="add*" propagation="REQUIRED" read-only=
"false" rollback-for="Exception" />
        </tx:attributes>
    </tx:advice>

    <!-- AOP事务织入 -->
    <aop:config>
        <aop:pointcut id="myTranPointCut" expression="execution(* com.
```

```
ssm.tran.service.*.*(..))" />
        <aop:advisor advice-ref="myTxAdvice" pointcut-ref="myTranPointCut"/>
    </aop:config>
</beans>
```

8. 配置工程映射文件

工程映射文件 web.xml 中的配置包括三个方面，分别是 Web 项目工程首页、控制器 Servlet 组件映射、IoC 容器监听配置。项目工程的首页为 order.jsp，IoC 容器监听主要包括指定 IoC 容器配置文件和指定监听类。web.xml 文件的配置如下：

web.xml：

```
<?xml version="1.0" encoding="UTF-8"?>
<web-app version="2.5"
    xmlns="http://java.sun.com/xml/ns/javaee"
    xmlns:xsi="http://www.w3.org/2001/XMLSchema-instance"
    xsi:schemaLocation="http://java.sun.com/xml/ns/javaee
    http://java.sun.com/xml/ns/javaee/web-app_2_5.xsd">

    <!-- IoC容器监听配置 -->
    <context-param>
        <param-name>contextConfigLocation</param-name>

    <param-value>/WEB-INF/classes/applicationContext.xml</param-value>
    </context-param>
    <listener>

    <listener-class>org.springframework.web.context.ContextLoaderListe
ner</listener-class>
    </listener>

    <!-- Servlet组件映射配置 -->
  <servlet>
    <servlet-name>OrderServlet</servlet-name>
    <servlet-class>com.ssm.tran.web.OrderServlet</servlet-class>
  </servlet>
  <servlet-mapping>
    <servlet-name>OrderServlet</servlet-name>
```

```
 <url-pattern>*.s</url-pattern>
</servlet-mapping>

<!-- Web项目工程首页配置 -->
<welcome-file-list>
  <welcome-file>order.jsp</welcome-file>
</welcome-file-list>
</web-app>
```

9. Web 工程集成部署

Web 工程按以上步骤开发完毕后部署到 Tomcat 服务器上, 启动中间件完毕后, 访问系统的首页: http://127.0.0.1:8080/ssm_chapter_03, 即可看到如图 3-3 所示的商品购买订单页。

图 3-3　商品购买订单视图页

在商品购买视图页正确输入要购买的商品及相关数量, 订单提交到后台, 业务流程完整, 模块事务将正常提交, 商品数据将写订单、发货、付款三张数据表, 如图 3-4、图 3-5、图 3-6 所示, 并且系统最终将提示业务操作成功, 如图 3-7 所示。

```
1 SELECT * FROM mytran.t_order t;
```

order_id	order_user_id	order_commodity	order_commodity_amount	order_time	order_state
1642257849632	U100	IPhone5	2	2022-01-15 22:44:09	1

图 3-4　订单表

```
1 SELECT * FROM mytran.t_send t;
```

send_id	order_id	send_company	send_person
1642257849661	1642257849632	中国邮政物流	李小明

图 3-5　发货表

```
1 SELECT * FROM mytran.t_pay t;
```

pay_id	order_id	order_total_money	pay_type
1642257849662	1642257849632	17000	2

下单成功！

图 3-6　付款表　　　　　　　　　　　　　图 3-7　提示业务操作成功

如果在商品购买视图页输入错误的商品购买参数，例如商品购买数量项中输入非数字的其他字符，如图 3-8 所示，在 OrderImpl 类中计算订单的金额时，则会抛出 NumberFormatException 异常。此时虽然商品数据已经插入订单表及发货表，但所抛出异常会触发事务回滚，导致已插入订单表及发货表的数据会被撤销，同时系统提示业务操作失败，如图 3-9 所示。

商品购买

商品名称：IPhone5

商品数量：a5c

提　交

下单失败！

图 3-8　表单输入错误 　　　　　　　　　　图 3-9　提示业务操作失败

第 4 章
SpringMVC 框架应用

本章将论述 SpringMVC 框架在三层架构体系中的应用，阐述 SpringMVC 的原理、思想及相关功能实现，详述 SpringMVC 的 Web 项目工程结构、视图对象特征、JSON 数据格式应用，以及 SpringMVC 中相关注解特性的配置与使用。

4.1　SpringMVC 应用基础

SpringMVC 是 Spring 框架 3 之后推出的一个重要模块，实现了 Web 系统 MVC 模型中的控制器角色，从这一点看，其核心功能与 Struts 框架是相通的，但也存在重要的差异与不同。 Struts 框架中除了 MVC 核心功能外还集成值栈、OGNL、标签库等应用，整个框架过于臃肿，性能相对低下，而 SpringMVC 模块结构简单，结合注解方式，非常灵活轻巧，编码效率高。

4.1.1　SpringMVC 实现原理

SpringMVC 是一种结构清晰的 MVC 实现方式，其模块流程控制过程也与 Struts 框架相似，在应用系统模块中，有类似 FilterDispatcher 的中央处理器组件，也有类似 Action 的业务控制器组件。

SpringMVC 模块的核心组件包括中央处理器 DispatcherServlet、映射处理器 HandlerMapping、流程执行适配器 HandlerAdapter、业务控制器 Controller、视图解释器 ViewResolver 等，相关组件交互流程如图 4-1 所示。

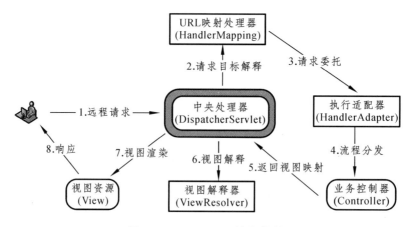

图 4-1　SpringMVC 流程控制

（1）系统客户通过远程协议向服务器端发起操作请求，请求会提交到中央处理器 DispatcherServlet。DispatcherServlet 是 SpringMVC 中最核心的一个处理组件，类似 Struts 框架的 FilterDispatcher 组件，统领整个 MVC 模块的运作，属于一级控制器。

（2）DispatcherServlet 把请求交给 URL 映射处理器 HandlerMapping，HandlerMapping 组件负责从 URL 中解释出流程所要到达的下一级控制器组件，即业务控制器。

（3）DispatcherServlet 把流程的请求目标委派给执行适配器 HandlerAdapter，HandlerAdapter 组件专门负责流程的调用分发，所有二级控制器组件的调用执行均由其负责。

（4）HandlerAdapter 把请求流程分发到业务控制器 Controller，Controller 类似 Struts 框架中的 Action 组件，是一个由程序开发人员自己定义的二级控制器，也叫业务控制器。此组件可以根据实际业务需要直接融入前端视图类，如 HttpServletRequest、HttpServletResponse 等视图组件。

（5）Controller 处理完成后将返回视图映射 ModelAndView 到模块的中央处理器，ModelAndView 组件即前后端数据交互的传递空间，实例中还包含响应视图的相关映射信息。

（6）中央处理器把流程请求传递到视图解释器组件 ViewResolver，ViewResolver 专门负责解释从业务控制器组件返回的视图映射对象，解释完成后重新返回给中央处理器组件。

（7）中央处理器根据视图解释器 ViewResolver 返回视图信息，根据响应的形式及类型（HTML、PDF、XML、JSON、Application），来渲染视图资源，为响应客户端做准备。

（8）中央处理器根据请求的响应类型，把渲染完毕的视图数据传递到客户端，完成请求的整个流程控制过程。

4.1.2　视图解释器配置

SpringMVC 模块有自己独特的视图解释机制，不能直接套用平常的 HTML 形式与标准来直接声明响应视图。在 SpringMVC 模式的 Web 项目工程中，视图资源存放于 WEB-INF 目录下，不同于传统的项目结构，且所有资源都不能直接访问，需经过视图解释器的流程跳转才能到视图资源。

1. JSP 视图解析器

JSP 资源类型是 Java Web 中最常见的资源类型之一，在 SpringMVC 框架下每种不同类型响应资源都需要经过其专用的解释类来实现与前端的对接，除此之外还要通过前缀、后缀属性来指定视图资源位置。

JSP 视图解释配置：

解释类：InternalResourceViewResolver，位于 org.springframework.web.servlet.view 包。

前缀属性：prefix，声明资源文件路径（必选属性）。

后缀属性：suffix，声明资源文件类型（必选属性）。

匹配优先级：order，代表匹配的优先级，值越低优先级越高（可选属性，多个同类型视图解释器时需配置）。

在以下的 JSP 资源视图解释器中声明了解释器类为 InternalResourceViewResolver，通过前缀 prefix 声明了视图的资源位于"/WEB-INF/pages/"路径下，通过后缀 suffix 声明了资源类型为 JSP 视图，通过 order 属性声明了匹配优先级为 2。

JSP 视图解释器配置：

```
<bean id="jspView"
    class="org.springframework.web.servlet.view.InternalResourceViewRes
olver">
    <property name="prefix" value="/WEB-INF/pages/" />
    <property name="suffix" value=".jsp" />
```

```
    <property name="order" value="2"></property>
</bean>
```

2. HTML 视图解析器

HTML 资源类型是 Java Web 中常见的另一种资源类型,在 SpringMVC 框架下也需要经过其专用的解释类来实现与前端的对接。与 JSP 视图配置相比较,HTML 视图配置中没有 prefix 前缀属性,而要配置一个 FreeMarkerConfigurer 类型的 bean 实例来声明资源视图的位置,同时还要导入完整的 HTML 视图解释器依赖包,与 JSP 视图的依赖包不同。

HTML 视图解释配置:

解释类:FreeMarkerViewResolver,位于 org.springframework.web.servlet.view. freemarker 包。

资源路径类:FreeMarkerConfigurer,位于 org.springframework.web.servlet.view. freemarker 包,声明资源文件路径。

后缀属性:suffix,声明资源文件类型(必选属性)。

匹配优先级:order,代表匹配的优先级,值越低优先级越高(可选属性,多个同类型视图解释器时需配置)。

在以下的 HTML 资源视图解释器中通过"freemarkerConfig"的 bean 实例声明了 HTML 视图资源位于"/WEB-INF/pages/"路径下,通过"htmlView"的 bean 实例声明了解释器类为 FreeMarkerViewResolver,通过后缀 suffix 声明了资源类型为 HTML 视图,通过 order 属性声明了匹配优先级为 1。

HTML 视图解释器配置:

```
<bean id="freemarkerConfig"
    class="org.springframework.web.servlet.view.freemarker.FreeMarkerCo
nfigurer">
    <property name="templateLoaderPath">
        <value>/WEB-INF/pages/</value>
    </property>
</bean>
<bean id="htmlView"
    class="org.springframework.web.servlet.view.freemarker.FreeMarkerVi
ewResolver">
```

```
<property name="suffix" value=".html" />
<property name="order" value="1"></property>
</bean>
```

4.2　视图对象

视图对象主要用于 Web 应用系统前后端之间的数据交互，常见的视图类型有 HtppServletRequest、HttpServletResponse、HttpSession、ServletContext 等，SpringMVC 模块中除了支持常规的视图对象外，还支持 Model、ModelAndView 等视图对象，以更好地满足模块的功能需求。

4.2.1　常规视图类型

SpringMVC 中前后端的耦合度得到了极大降低，一般来说后台模块中不会直接引用前端视图对象，极大地改善了前后端模块之间的独立性，但在一些特定场合下，后台模块还是不可避免地要直接引用前端视图对象，如要取得请求的主机名、IP 地址等信息，只能通过 HtppServletRequest 实例来获取。

在 SpringMVC 的 Controller 组件中，业务方法中一般空参类型较为常见，如果在方法中需要直接使用前端视图对象，则可以直接在参数中定义相关的类型，IoC 容器则会在运行时，直接按方法的参数形式注入相关的视图对象。

常规视图类型参数改造：

原始业务方法：public String userPay()（不包含参数）。

引入视图参数 1：public String userPay(HttpServletRequest request)（视图对象参数：HttpServletRequest request）。

引入视图参数 2：public String userPay(HttpServletResponse response)（视图对象参数：HttpServletResponse response）。

引入视图参数 3：public String userPay(HttpServletRequest request,HttpServletResponse response)（视图对象参数：HttpServletRequest request、HttpServletResponse response）。

4.2.2　Model 类型

Model 类型是 SpringMVC 中一个特有的前后端接口，能够在一定程度上避免后台模块中直接耦合前端模块。Model 类型的功能作用相当于 HttpServletRequest 类型，主要实现在前后端之间传递数据，其使用 Key/Value 的方式存储数据，在同一个请求范围内（request），前端页面可以通过 Key 属性取得对应的 Value 数据对象。

Model 接口的实现类为 ExtendedModelMap，该类型不具备业务寻址功能，在Controller 组件的业务方法中需返回响应视图映射，否则将无法找到响应视图。

Model 接口：

（1）不能够进行业务寻址，需返回视图映射目标；

（2）使用 Key/Value 的方式存储数据；

（3）存储数据方法：addAttribute(String key,Object value)。

在如下的 ModelDemo.java 类文件中，在业务控制器中定义了一个名称为"myModel"的业务方法，方法中传入 Model 类型参数，然后在方法中通过 Key/Value 的方式往 Model 对象中存入两条数据，在同一个请求范围内的前端页面上可以通过 Key 属性取出 Value 数据对象，最后在业务中返回了一个视图映射字符串对象"show"，以匹配响应视图资源。

ModelDemo.java：

```
package com.ssm.mvc.demo;
import org.springframework.stereotype.Controller;
import org.springframework.ui.Model;
import org.springframework.web.bind.annotation.RequestMapping;

@Controller
public class ModelDemo{
   @RequestMapping("modelWeb")
   public String myModel(Model model) {
    String myString = new String("STRING DEMO");
      model.addAttribute("mvc", "Hello SpringMVC");
      model.addAttribute("demo", myString);
      return "show";
   }
}
```

4.2.3　ModelAndView 类型

ModelAndView 类型是 SpringMVC 中另一个专用的前后端交互类型，该类型的出现同样是为了避免前后台模块的直接耦合。ModelAndView 类型的功能作用与 Model 接口类似，也是实现了在前后端之间传递数据，同样使用 Key/Value 的方式存储数据，前端页面可以通过 Key 属性取得对应的 Value 数据对象。

ModelAndView 类型与 Model 接口相比，一个重要差别是 ModelAndView 类型具备业务寻址功能，在构建 ModelAndView 类型实例时已经绑定了响应视图目标，因而在 Controller 组件业务方法中无需返回响应视图映射，只需返回 ModelAndView 类型实例即可。

ModelAndView 类型：

（1）能够进行业务寻址，绑定了视图目标；

（2）使用 Key/Value 的方式存储数据；

（3）存储数据方法：addObject(String key,Object value)。

在如下的 ModelDemo.java 类文件中，在业务控制器中定义了一个名称为"myModel"的业务方法，方法中传入 Model 类型参数，然后在方法中通过 Key/Value 的方式往 Model 对象中存入两条数据，在同一个请求范围内的前端页面上可以通过 Key 属性取出 Value 数据对象，最后在业务中返回了一个视图映射字符串对象"show"，以匹配响应视图资源。

ModelAndViewDemo.java：

```
package com.ssm.mvc.demo;
import org.springframework.stereotype.Controller;
import org.springframework.web.bind.annotation.RequestMapping;
import org.springframework.web.servlet.ModelAndView;

@Controller
public class ModelAndViewDemo {
    @RequestMapping("vieWeb")
    public ModelAndView testModelAndView() {
        String view = "success";
        ModelAndView mav = new ModelAndView(view);
        mav.addObject("isOk", new Boolean(true));
        mav.addObject("mess", "-ModelAndViewDemo-");
```

```
        return mav;
    }
}
```

4.3 注解特性配置

SpringMVC 中大量使用了各种类型的注解，通过注解式的开发极大地简化了编码，省去了烦琐的各种实例声明以及实例依赖关系配置，提高了程序开发的编程效率。从 Spring 版本 3.0 以后，SpringMVC 就在 Java Web 领域中逐渐取代 Struts 成了举足轻重的核心框架。

4.3.1 Controller 注解

Controller 注解是 SpringMVC 模块中的一个专用注解类，其功能作用是声明业务控制器组件。Controller 注解标注在类的头部，所有标注了此注解的普通模块类都可以变成业务控制器类。URL 映射处理器 HandlerMapping 在对请求进行分发处理时，只扫描标注了 Controller 注解的模块类。

Controller 注解：

（1）声明业务控制器组件；

（2）标注在类的外部；

（3）请求分发处理器可识别此注解类。

在以下的 ControllerDemo.java 类文件中，通过 @Controller 注解把 ControllerDemo 类从一个普通的 Java 类变成了一个二级控制器组件。在客户端请求"/mydemo"时，请求分发器 HandlerMapping 才会从标注了 @Controller 注解的类中继续查找与 URI 相匹配业务方法，从而找到要执行的方法 demoPage。

ControllerDemo.java：

```
package com.ssm.mvc.demo;
import org.springframework.stereotype.Controller;
import org.springframework.web.bind.annotation.RequestMapping;


@Controller
public class ControllerDemo {
```

```
@RequestMapping("mydemo")
public String demoPage(){
    return "success";
}
}
```

4.3.2　RequestMapping 注解

RequestMapping 注解是 SpringMVC 模块中的另一个专用注解类，其功能作用是声明对请求的 URL 地址与目标方法进行映射匹配。该注解可标注在方法上，也可标注在类的头部。标注在方法上表示声明请求的 URL 中与该注解包含的地址一致时，流程将调用该方法。标注在类的外部表示类以内的所有方法都必须以类的地址为上一级地址进行请求匹配。同时 RequestMapping 注解中还包含 value、method、consumes、produces、params、headers 等多个特征属性，每个属性都有特定的功能与用法。

RequestMapping 注解：

（1）声明业务控制器组件中业务方法的匹配 URI；

（2）可标注在方法体上，声明该方法的 URI 映射；

（3）可标注在类体上，成为所有内部方法的父路径。

在以下的 ReqMapDemo.java 类文件中，在方法 webDemo 上通过@RequestMapping("webPage")声明了方法的请求映射为"webPage"，在方法 htmlDemo 上通过@RequestMapping("htmlPage")声明了方法的请求映射为"htmlPage"，在类体上通过@RequestMapping("view ")声明了本类所有方法的请求映射的父路径为"view"，也就是通过"view/webPage"路径的组合才能映射到 webDemo 方法上，通过"view /htmlPage"路径的组合才能映射到 htmlDemo 方法上。

ReqMapDemo.java：

```
package com.ssm.mvc.demo;
import org.springframework.stereotype.Controller;
import org.springframework.web.bind.annotation.RequestMapping;

@Controller
@RequestMapping("view")
public class ReqMapDemo {
```

```
//本方法的映射URI为"view/webPage"
@RequestMapping("webPage")
public String webDemo(){
    return "success";
}

//本方法的映射URI为"view/htmlPage"
@RequestMapping("htmlPage")
public String htmlDemo(){
    return "success";
}
}
```

1. value 属性

value 属性就是请求映射到方法上的 URI 地址，在 RequestMapping 注解中没有标其他属性的情况下，默认就是给 value 属性赋值。value 属性为必选属性，在 RequestMapping 注解中必须设定相应的映射 URI 值。

value 表述形式：

默认属性赋值：@RequestMapping("index")

显式属性赋值：@RequestMapping(value="index")

2. method 属性

method 属性设定业务方法中所能接受的请求类型，在 REST 的数据交互方式中，可以设定 GET、POST、PUT、DELETE 四种类型的消息请求。GET 请求类型是在请求路径携带表单参数，POST 请求类型则是在消息头中存放表单参数，PUT 请求类型用于更新资源，DELETE 请求类型用于删除资源。method 属性为 RequestMapping 注解中的可选属性，默认情况下 method 为 GET 类型。

method 表述形式：

单种请求类型：@RequestMapping(value = "user", method = RequestMethod.GET)

多种请求类型：@RequestMapping(value = "user", method = { RequestMethod.GET，RequestMethod.POST，RequestMethod.PUT})

3. consumes 属性

consumes 属性设定业务方法中所能接受的消息内容类型，即 HTTP 协议消息头中的媒体类型 Content-Type 的属性值。HTTP 协议消息媒体类型可以是文本（text/plain）、图片（image/gif，image/jpeg，image/png）、文档（application/pdf，application/msword）、数据流（application/octet-stream）、HTML（text/html）、JSON（application/json）、XML（text/xml，application/xml）等各种形式。

consumes 表述形式：

单种消息内容类型：@RequestMapping(value = "demo", consumes = "application/xml")

多种消息内容类型：@RequestMapping(value = "demo", consumes = {"text/html","text/plain","text/xml"})

4. produces 属性

produces 属性设定业务方法处理完毕后将返回的消息内容类型，一般来说，此属性会配合 ResponseBody 注解一起使用。在设定所返回的消息类型的同时，还可以设定消息的编码类型，以达到与请求客户端统一编码，尽可能避免乱码的产生。

produces 表述形式：

单种消息内容类型（编码默认）：@RequestMapping(value = "page", produces = "application/xml")

单种消息类型（编码 UTF-8）：@RequestMapping(value="page",produces = {"application/json;charset=UTF-8"})

多种消息类型（编码 GBK）：@RequestMapping(value = "page", produces = {"application/xml;charset=GBK", "text/html;charset=GBK"})

5. params 属性

params 属性设定业务方法所对应的映射路径（URI）的表单属性参数必须符合一定的条件或规则。可以设定映射路径中必须包含某个参数项，也可以设定不能包含某个参数项，可以设定某个参数项的具体值，可以设定单个参数项，也可以设定多个参数项。

produces 表述形式：

映射路径包含某个参数项：@RequestMapping(value="update", params= {"status"})

映射路径不能包含某个参数项：@RequestMapping(value="update", params= {"!status"})

映射路径指定某个参数项值：@RequestMapping(value="update", params= {"status=ok"})

映射路径包含多个参数项：@RequestMapping(value="update", params= {"userid", "status=ok"})

6. headers 属性

headers 属性设定请求消息报文头中限定某些参数值，即通过 headers 属性来配置 HTTP 报文请求头信息。不同浏览器之间的请求头信息是不太一样的，利用此属性可以进行浏览器兼容性设置，还可以限定某些参数项，提升系统及平台的安全性与可靠性。

headers 表述形式：

单个参数项单种消息类型：@RequestMapping(value = "order", headers = "content-type=application/json")

单个参数项多种消息类型：@RequestMapping(value="order",headers={"context-type=text/plain", "context-type=text/html"})

多个参数项（指定请求消息来源）：@RequestMapping(value = "order", headers = {"content-type=text/html", "Referer=http://www.baidu.com"})

4.3.3 ResponseBody 注解

ResponseBody 注解是 SpringMVC 模块中的又一个专用注解类，其功能作用是把二级控制器中的业务方法的返回对象在消息体中通过 HttpMessageConverter 转换器变成另一种数据对象，一般为 XML 格式数据或 JSON 格式数据，最终传输到客户端视图。通过 ResponseBody 注解标注的业务方法不会再通过视图的方式响应客户端，只通过数据流的形式直接输出响应信息。

ResponseBody 注解：

（1）声明消息以非视图的方式响应客户端；

（2）标注在方法体上；

（3）适用于 XML、JSON 格式数据交互。

在以下的 ResBodyDemo.java 类文件中，定义了一个名称为"City"的业务实体类，在业务控制器类"ResBodyDemo"中，有一个名称为"cityView"的方法，此方法上标

注了 "@ResponseBody" 注解，当流程进入该方法并执行完毕后，将返回一个实例化后的 City 对象，流程响应将不会直走视图响应路线，而是直接通过 HttpServletResponse 对象的 Body 区，直接在客户端输出经过格式化的 XML 或 JSON 格式字符数据。

ResBodyDemo.java：

```java
package com.ssm.mvc.demo;
import org.springframework.stereotype.Controller;
import org.springframework.web.bind.annotation.RequestMapping;
import org.springframework.web.bind.annotation.ResponseBody;

@Controller
public class ResBodyDemo {
    @RequestMapping("cityPage")
    @ResponseBody
    public City cityView(){
        City city = new City();
        city.setCityid("A001");
        city.setCityname("广州");
        city.setArea("华南地区");
        return city;
    }
}

class City{
    private String cityid;
    private String cityname;
    private String area;
    public String getCityid() {
        return cityid;
    }
    public void setCityid(String cityid) {
        this.cityid = cityid;
    }
    public String getCityname() {
        return cityname;
    }
    public void setCityname(String cityname) {
        this.cityname = cityname;
```

```
    }
    public String getArea() {
        return area;
    }
    public void setArea(String area) {
        this.area = area;
    }
}
```

4.3.4　PathVariable 注解

PathVariable 注解是 SpringMVC 模块中的一个路径变量专用注解类，其功能作用是把 URL 请求路径中的占位符参数值以变量的形式提取出来，然后填充到方法参数当中，最终请求路径的参数值变成请求方法内的变量值，是一种通过 URL 向方法内传值的方式。

PathVariable 注解：

（1）把 URL 中参数值填充到方法参数，向方法内传值；

（2）标注在方法的形式参数上；

（3）适用于基本数据类型及字符串类型传值。

在以下的 PathDemo.java 类文件中，业务控制器组件 "PathDemo" 中定义了两个业务方法：updateOrder 和 payOrder。两个业务方法的参数中均标注了 "@PathVariable" 注解，当 URL 请求路径与映射路径相匹配时即可通过注解传值。

PathDemo.java：

```
package com.ssm.mvc.demo;
import org.springframework.stereotype.Controller;
import org.springframework.web.bind.annotation.PathVariable;
import org.springframework.web.bind.annotation.RequestMapping;

@Controller
public class PathDemo {
        @RequestMapping("order/{oid}")
        public String updateOrder(@PathVariable("oid") String oid) {
            return oid;
        }
```

```
@RequestMapping("pay/{money}")
public int payOrder(@PathVariable("money") int money) {
    int payMoney = 550;
    money = money + payMoney;
    return money;
}
}
```

例如请求通过"order/520"的 URI 映射到"updateOrder"方法时，占位符上的"520"便会填充到标注了@PathVariable 的参数"String oid"上，数据类型也转化为 String 类型，最后传入方法中。

再如请求通过"pay/1000"的 URI 映射到"payOrder"方法时，占位符上的"1000"便会填充到标注了@PathVariable 的参数"int money"上，数据类型也转化为 int 类型，最后传入方法中，在方法中即用此参数值来进行数据运算。

4.4　JSON 数据应用

JSON（JavaScript Object Notation）是一种与程序开发语言无关的数据格式，可以用于异构的系统之间进行数据交互。同时，JSON 也是一种非常轻量级的，以键值对（Key/Value）的方式组装数据的对象语言。JSON 容易阅读、容易解析，编码简单，数据传输方便、高效，广泛使用在前后端分离以微服务方式架构的信息平台中。

4.4.1　JSON 数据格式

JSON 展现数据的方式非常灵活，可以表示一个数字，也可以表示一个字符（串）或一个多维度的数组，还可以表示一个数据对象等。JSON 语言中以文本的形式来表达消息对象，以键值对的形式管理数据，JSON 语言中存在 6 种自己定义的基本数据类型，这 6 种数据类型与 Java 语言中的基本数据类型极为相似。

6 种基本数据类型：

字符串类型：String，表示 0 个、1 个或多个字符，如："A"、"Hello"。

数值类型：number，表示可参与数学运算的数值，包括整数与小数，如：150、20.89。

数组类型：array，表示同一类型的数据集合，包括一维数组与多维数组，如：

["Kerry","Tom","Jerry","Heny"]、[100,208,45,150,36,300]。

布尔类型：bool，表示逻辑的真与假，只有 true 与 false。

空类型：null，表示没有指向的空数据。

对象类型：object，表示复合数据结构，用 new 的方式创建。

JSON 的数据结构形式分为两部分：键（Key）与值（Value）。Key 必须为字符串 string 类型，Value 可以是 6 种基本数据类型中的任何一种，键（Key）与值（Value）之间用冒号"："隔开。JSON 数据以左大括号"{"作为数据开始符号，以右大括号"}"作为数据的结束符号，内部为键值对结构的数据项，每个数据项之间用逗号"，"分隔开。

以下为一个 JSON 格式的订单数据，该数据对象中包含 7 个数据项：order_id、order_user、order_money、is_pay、order_time、order_mark、order_commodity，每个数据项之间用逗号分隔开，左边为 Key，右边为 Value，其中 order_money 数据项为数值类型，is_pay 数据项为布尔类型，order_mark 数据项没有初始化赋值为空类型，order_commodity 数据项为数组类型，其余为字符串类型。

JSON 格式订单数据：

```
{
"order_id":"30002691",
"order_user":"苗青",
"order_money":320,
"is_pay":true,
"order_time":"2022-02-08 13:40:05",
"order_mark":null,
"order_commodity":["圆珠笔","练习本","书包","教材"]
}
```

4.4.2 JSON 数据生成

在 Java EE 领域，JSON 格式数据的生成方式非常多，Bean 实例、Array 数组、List 集合、Map 键值对等数据对象都能转换成 JSON 格式数据，在 JSON 的专用实现包中提供了多种 API 接口来对接 JSON 的格式规范。

JSON 格式数据生成方式：

方式 1：使用 JSONObject 实例创建。

（1）创建 JSONObject 实例；

（2）put 方法添加 JSON 数据项。

方式 2：使用 Bean 实例创建。

（1）创建 Bean 实例对象并给属性赋值；

（2）JSONObject 静态方法 fromObject 中传入 Bean 实例。

方式 3：使用 Array 数组实例创建。

（1）创建 Array 数组实例对象并分配数组元素；

（2）JSONArray 静态方法 fromObject 中传入 Array 数组实例。

方式 4：使用 List 集合实例创建。

（1）创建 List 集合实例对象并添加相关数据项；

（2）JSONArray 静态方法 fromObject 中传 List 集合实例。

方式 5：使用 Map 键值对实例创建。

（1）创建 Map 实例对象并添加相关数据项；

（2）在 JSONObject 静态方法 fromObject 中传 Map 实例对象。

4.4.3　JSON 数据传递

JSON 在 SpringMVC 模块中最重要的应用是关于对表述性状态转移 REST（Representational State Transfer）交互风格的数据格式支撑。REST 是当今 Web 信息系统架构中最主流的方式之一,通过微服务的形式把整个应用平台分割成若干个独立子服务,每个子服务之间是一种松耦合的状态，通过 HTTP+JSON 的方式进行数据交互,SpringMVC 模块则提供了对应的 REST 接口来实现对消息数据的发送与接收。

SpringMVC 中提供了一个 REST 风格的专用接口 HttpMessageConverter 来实现对请求消息的解析及封装操作。当客户端请求消息从浏览器传递过来到达服务器后,HttpMessageConverter 接口把请求消息中的 JSON 数据直接转化为对应业务 Bean 的对象实例，并传递到对应的请求方法中。业务方法执行完毕后，HttpMessageConverter 接口再把消息的响应对象转换为 JSON 格式数据对象，并通过 HTTP 超文本传输协议传送到浏览器客户端，完成整个请求的交互过程。

在 SpringMVC 实际使用中，需要添加 JSON 与注解转化 jar 包（jackson-annotations-

2.2.3.jar）、JSON 核 心 jar 包（jackson-core-2.2.3.jar）、JSON 数据绑定 jar 包（jackson-databind-2.2.3.jar），还需要在 IoC 容器中配置好 JSON 到 HTTP 消息转化器以及 JSON 视图适配器。

在以下的 JSON 数据交互配置中，声明了一个 ID 为"jsonMessConverter"的 Bean 实例，其中定义了最终的数据格式为"application/json"以及消息的编码格式为"GBK"，实现把 JSON 数据对象写入 HTTP 响应消息中。

JSON 数据交互配置：

```
<bean id="jsonMessConverter" class="org.springframework.http.converter.
json.MappingJackson2HttpMessageConverter">
    <property name="supportedMediaTypes">
        <list><value>application/json;charset=GBK</value></list>
    </property>
</bean>
<bean id="jsonView" class="org.springframework.web.servlet.mvc.annotation.
AnnotationMethodHandlerAdapter">
    <property name="messageConverters">
        <list><ref bean="jsonMessConverter"/></list>
    </property>
</bean>
```

同时还声明了另一个 ID 为"jsonView"的 Bean 实例，定义了数据对象转换所引用 Bean 实例"jsonMessConverter"，实现在业务方法中返回对象以 JSON 数据的格式写入 HTTP 响应消息中，在方法体上标注了"@ResponseBody"即可触发。

4.5　JdbcTemplate 应用

Spring 框架虽然是一个业务模型层的框架，但其也有类似 Hibernate、Mybatis 的持久化模块。JdbcTemplate 就是 Spring 框架中的一个连接模板，等效于 JDBC 的 Connection 连接类，代表一个数据库的连接实例。

JdbcTemplate 模板中有丰富的 DAO 操作函数，可以全面实现对关系数据表的读（查询）、写（插入、更新、删除）操作，还可以实现对存储过程的调用，支持事务的提交、回滚等操作。

4.5.1　JdbcTemplate 基本配置

在 DAO 类中使用 JdbcTemplate 模板前，需要先在 IoC 容器中配置好连接实例，JdbcTemplate 实例必须与数据源相绑定，才能正式生效，因为 Spring 框架中的事务等其他横截面属性需要数据源支持。

在如下的 JdbcTemplate 实例配置中，先定义了一个 ID 为"mysql_ds"的 C3P0 数据源 Bean 实例，实例中可以根据实际需求添加连接池的相关配置，如果不声明则使用默认的连接池参数值，然后再定义了一个 ID 为"template_conn"的 JdbcTemplate 连接实例，在连接实例中直接引用了数据源"mysql_ds"实例，配置完成后即可在 DAO 类中通过注解注入的方式使用 JdbcTemplate 连接实例。

JdbcTemplate 实例配置：

```
<bean id="mysql_ds" class="com.mchange.v2.c3p0.ComboPooledDataSource">
    <property name="user" value="admin"></property>
    <property name="password" value="admin123"></property>
    <property name="jdbcUrl" value="jdbc:mysql://127.0.0.1:3306/
template_db?useUnicode=true&amp;characterEncoding=UTF-8"></property>
    <property name="driverClass" value="com.mysql.jdbc.Driver">
</property>
</bean>
<bean id="template_conn" class="org.springframework.jdbc.core.JdbcTemplate">
    <property name="dataSource" ref="mysql_ds"></property>
</bean>
```

4.5.2　JdbcTemplate 读操作

JdbcTemplate 模板查询操作包括单表查询操作及多表连接查询操作，在 JdbcTemplate 模板提供了 query×××方法可实现对查询操作的多种需求，以及对返回数据的多种类型封装，更好地满足编程的需要。

读操作函数：

方法 1：queryForObject

（1）将查询返回的结果封装成某一个 Bean 实例对象；

（2）参数传入 SQL 语句、RowMapper 实例、动态参数；

（3）只能返回一条数据，否则会抛异常。

方法 2：queryForMap

（1）将查询返回的结果封装到 Map 键值对集合实例中；

（2）参数传入 SQL 语句、动态参数；

（3）可返回多条数据。

方法 3：queryForList

（1）将查询返回的结果封装到 List 集合实例中；

（2）参数传入 SQL 语句、动态参数；

（3）可返回多条数据。

在以下 TemplateQueryDemo.java 类文件中，定义了 findAllData 方法用于检索关系数据表的全部数据，方法中通过 JdbcTemplate 实例调用 queryForList 方法，方法将把关系数据表的每条记录封装到一个 Map 对象中，Map 对象的每一个属性与关系数据表的字段对应，每个 Key 对应关系表的字段名字，Value 对应字段的数据值，最后再把每一个封装好的 Map 对象添加到 List 集合中，最后 queryForList 方法返回该 List 集合。

TemplateReadDemo.java：

```
package com.ssm.mvc.demo;
import java.util.List;
import java.util.Map;
import javax.annotation.Resource;
import org.springframework.jdbc.core.JdbcTemplate;
import org.springframework.stereotype.Repository;

@Repository
public class TemplateReadDemo{
    @Resource
    private JdbcTemplate template;
    public void findAllData() {
        String sql = "select id, color, weight,,price from cat";
        List<Map<String, Object>> dataRows = template.queryForList(sql);
        for (int i = 0; i < dataRows.size(); i++) {
            Map<String, Object> dataRow = dataRows.get(i);
```

```
            System.out.print("id=" + dataRow.get("id") + "\t");
            System.out.print("color=" + dataRow.get("color") + "\t");
            System.out.print("weight=" + dataRow.get("weight") + "\t");
            System.out.print("price=" + dataRow.get("price") + "\t");
            System.out.println("-----第" + (i + 1) + "条数据------");
        }
    }
}
```

4.5.3　JdbcTemplate 写操作

JdbcTemplate 模板写操作包括增加数据、更新数据、删除数据三种操作类型，在 JdbcTemplate 模板中对以上三种操作只提供了一种类型的实现方法，所有写操作均在此类型方法中完成，可实现单条及批量的 SQL 写操作。

写操作函数：

方法 1：update

（1）将对数据表的增、删、改操作请求提交到关系数据库服务器；

（2）参数传入增、删、改操作 SQL 语句；

（3）返回该操作影响了数据表中的多少行数据；

（4）只能处理一条 SQL 语句。

方法 2：batchUpdate

（1）批处理操作方法，能同时处理若干条 SQL 语句；

（2）将对数据表的增、删、改操作请求提交到关系数据库服务器；

（3）参数以数组的形式传入多条写操作 SQL 语句；

（4）返回一个 int 类型数组，表示每条 SQL 语句分别影响了多少行数据。

在以下 TemplateWriteDemo.java 类文件中定义了 insertData 和 batchInsertData 方法。insertData 方法用于执行单条 SQL 语句插入操作，batchInsertData 方法用于执行多条 SQL 语句插入操作，即 SQL 语句批处理。两个操作方法中都是通过 JdbcTemplate 实例去调用 update 或 batchUpdate 方法。

TemplateWriteDemo.java：

```
package com.ssm.mvc.demo;
import javax.annotation.Resource;
import org.springframework.jdbc.core.JdbcTemplate;
import org.springframework.stereotype.Repository;

@Repository
public class TemplateWriteDemo {
    @Resource
    private JdbcTemplate template;

    public void insertData(Integer id) {
        String sql = "insert into cat(id, color, weight,price) values
    (2001,'While',4.2,320)";
        int row = template.update(sql);
        if (row>=1) {
            System.out.println("----插入了"+row+"行数据------");
        }
        else{
            System.out.println("----插入失败------");
        }
    }

    public void batchInsertData(Integer id) {
        String sql1="insert into cat_health(id, cat_status, is_check)
    values(2001,'OK','Yes')";
        String sql2="insert into cat_clinic(id, docotr,clinic_date)
    values(2001,'Kerry','2022-03-18')";
        String sql3="insert into cat_send(id, adopt_person, city,send_date)
     values(2001,'Keny','Paris','2021-11-25')";
        String[] sql = {sql1,sql2,sql3};
        int[] row = template.batchUpdate(sql);
        for (int i = 0; i < row.length; i++) {
            System.out.println("----SQL"+(i+1)+"语句插入了"+row[i]+"行数据
        ------");
        }
    }
}
```

4.6　应用项目开发

SpringMVC 是 Spring 框架的一个 MVC 模块，在 Java EE 应用领域占有极其重要的位置，其编码灵活、简单，实现了 REST 的架构风格，整合 JSON 数据交互技术，广泛应用于前后端分离的微服务平台及异构系统间服务通信。JdbcTemplate 是 Spring 框架的一个连接模板，是 Spring 框架中的一种 ORM 实现方式，是一个简单、易用的数据库操作模型。

4.6.1　模块功能描述

在一个用户管理模块中，用 SpringMVC 的架构形式实现用户登录验证的功能，登录时需要到用户数据表中比对用户权证，登录成功后可查询自身的数据信息，后台模块类从用户表中检索到相关信息后封装成实体 Bean 对象实例，最后把 Bean 实例转成 JSON 数据对象，并在视图页面输出相关的 JSON 格式的数据信息。

关系数据库环境：

用户关系表（User）：

账户：uid　varchar　Primary Key；

姓名：user_name　varchar；

密码：user_pwd　varchar；

职业：user_work　varchar；

月工资：user_salary　integer；

角色：user_role　ENUM('User','Admin')；

状态：user_status　ENUM('Yes','No')。

4.6.2　模块编码开发

应用项目的开发过程包括数据库环境的创建及开发，Web 工程搭建，SpringMVC 框架组件添加，业务控制器类、业务模型类、DAO 数据库操作类开发，IoC 容器配置文件编码，前端视图页面开发，测试验证等。

1. 数据库表环境创建

按相关表结构，通过 user.sql 脚本在 MySQL 数据库服务器中创建 user 数据表，并往表中插入若干条数据，创建成功后的 User 数据表如图 4-2 所示。

user.sql:

```sql
CREATE DATABASE IF NOT EXISTS mvc_db;
USE mvc_db;

DROP TABLE IF EXISTS user;
CREATE TABLE user (
  uid varchar(45) NOT NULL,
  user_name varchar(45) NOT NULL,
  user_pwd varchar(45) NOT NULL,
  user_work varchar(45) NOT NULL,
  user_salary int(10) unsigned NOT NULL,
  user_role enum('User','Admin') NOT NULL default 'User',
  user_status enum('Yes','No') NOT NULL default 'Yes',
  PRIMARY KEY  (uid)
) ENGINE=InnoDB DEFAULT CHARSET=utf8;

INSERT INTO user (uid,user_name,user_pwd,user_work,user_salary,user_role,
user_status) VALUES ('huangfang','黄芳','huangfang','文秘',5600,'User',
'No'),('liuqinghong','刘青红','liuqinghong','教师',6800,'User','Yes'),
('lixiaoming','李小明','lixiaoming','记者',7500,'User','Yes'),('zhouhua',
'周华','zhouhua','工程师',8000,'Admin','Yes');
```

```sql
1 SELECT * FROM mvc_db.`user` u;
```

uid	user_name	user_pwd	user_work	user_salary	user_role	user_status
huangfang	黄芳	huangfang	文秘	5600	User	No
liuqinghong	刘青红	liuqinghong	教师	6800	User	Yes
lixiaoming	李小明	lixiaoming	记者	7500	User	Yes
zhouhua	周华	zhouhua	工程师	8000	Admin	Yes

图 4-2　User 关系数据表

2. 导入 Web 工程依赖 jar 文件

使用 IDE 集成开发工具搭建 Web 工程，导入 SpringMVC 框架、JSON 数据交互、JdbcTemplate 模板所依赖的 jar 包，如图 4-3 所示。

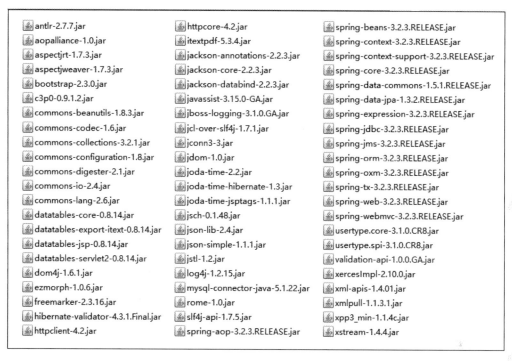

antlr-2.7.7.jar	httpcore-4.2.jar	spring-beans-3.2.3.RELEASE.jar
aopalliance-1.0.jar	itextpdf-5.3.4.jar	spring-context-3.2.3.RELEASE.jar
aspectjrt-1.7.3.jar	jackson-annotations-2.2.3.jar	spring-context-support-3.2.3.RELEASE.jar
aspectjweaver-1.7.3.jar	jackson-core-2.2.3.jar	spring-core-3.2.3.RELEASE.jar
bootstrap-2.3.0.jar	jackson-databind-2.2.3.jar	spring-data-commons-1.5.1.RELEASE.jar
c3p0-0.9.1.2.jar	javassist-3.15.0-GA.jar	spring-data-jpa-1.3.2.RELEASE.jar
commons-beanutils-1.8.3.jar	jboss-logging-3.1.0.GA.jar	spring-expression-3.2.3.RELEASE.jar
commons-codec-1.6.jar	jcl-over-slf4j-1.7.1.jar	spring-jdbc-3.2.3.RELEASE.jar
commons-collections-3.2.1.jar	jconn3-3.jar	spring-jms-3.2.3.RELEASE.jar
commons-configuration-1.8.jar	jdom-1.0.jar	spring-orm-3.2.3.RELEASE.jar
commons-digester-2.1.jar	joda-time-2.2.jar	spring-oxm-3.2.3.RELEASE.jar
commons-io-2.4.jar	joda-time-hibernate-1.3.jar	spring-tx-3.2.3.RELEASE.jar
commons-lang-2.6.jar	joda-time-jsptags-1.1.1.jar	spring-web-3.2.3.RELEASE.jar
datatables-core-0.8.14.jar	jsch-0.1.48.jar	spring-webmvc-3.2.3.RELEASE.jar
datatables-export-itext-0.8.14.jar	json-lib-2.4.jar	usertype.core-3.1.0.CR8.jar
datatables-jsp-0.8.14.jar	json-simple-1.1.1.jar	usertype.spi-3.1.0.CR8.jar
datatables-servlet2-0.8.14.jar	jstl-1.2.jar	validation-api-1.0.0.GA.jar
dom4j-1.6.1.jar	log4j-1.2.15.jar	xercesImpl-2.10.0.jar
ezmorph-1.0.6.jar	mysql-connector-java-5.1.22.jar	xml-apis-1.4.01.jar
freemarker-2.3.16.jar	rome-1.0.jar	xmlpull-1.1.3.1.jar
hibernate-validator-4.3.1.Final.jar	slf4j-api-1.7.5.jar	xpp3_min-1.1.4c.jar
httpclient-4.2.jar	spring-aop-3.2.3.RELEASE.jar	xstream-1.4.4.jar

图 4-3　Web 工程所依赖的 jar 文件

3. 构建工程模块包

Web 工程中包含 4 个模块包：web、service、dao、po，在每个模块包下创建相应的业务类文件，如图 4-4 所示。

（1）模块包 com.ssm.mvc.web，为 Web 工程业务控制器模块，包含 UserController 控制器类文件。

（2）模块包 com.ssm.mvc.service，为 Web 工程业务模块，包含 UserService 业务类文件。

（3）模块包 com.ssm.mvc.dao，为 Web 工程业务 DAO 操作模块，包含 UserDAO 数

据表操作类文件。

（4）模块包 com.ssm.mvc.po，为 Web 工程数据实体模块，包含 User 表实体类文件。

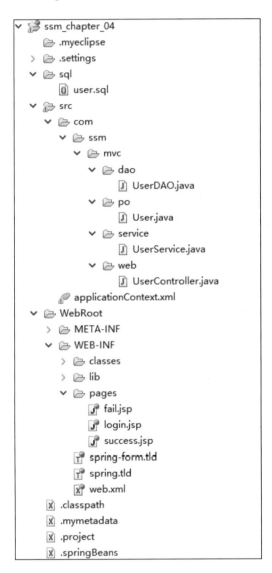

图 4-4　Web 项目工程结构

4. 开发模型实体模块

在工程中添加 User.java 类文件，User 实体类映射关系数据表 User。类文件的编码如下：

　　User.java：

```
package com.ssm.mvc.po;

public class User {
    private String uid;
    private String userName;
    private String userPwd;
    private String userWork;
    private Integer userSalary;
    private String userRole;
    private String userStatus;
    public String getUid() {
        return uid;
    }
    public void setUid(String uid) {
        this.uid = uid;
    }
    public String getUserName() {
        return userName;
    }
    public void setUserName(String userName) {
        this.userName = userName;
    }
    public String getUserPwd() {
        return userPwd;
    }
    public void setUserPwd(String userPwd) {
        this.userPwd = userPwd;
    }
    public String getUserWork() {
        return userWork;
    }
    public void setUserWork(String userWork) {
        this.userWork = userWork;
    }
    public Integer getUserSalary() {
```

```
        return userSalary;
    }
    public void setUserSalary(Integer userSalary) {
        this.userSalary = userSalary;
    }
    public String getUserRole() {
        return userRole;
    }
    public void setUserRole(String userRole) {
        this.userRole = userRole;
    }
    public String getUserStatus() {
        return userStatus;
    }
    public void setUserStatus(String userStatus) {
        this.userStatus = userStatus;
    }
}
```

5. 开发控制器模块

在工程中添加用户业务控制器组件类文件 UserController.java，负责接收用户登录 doUserLogin 方法，以及用户检索自身信息 doUserQuery 方法，最后请求转发到业务层。 控制器类文件的编码如下：

UserController.java：

```
package com.ssm.mvc.web;
import javax.annotation.Resource;
import javax.servlet.http.HttpServletRequest;
import javax.servlet.http.HttpSession;
import net.sf.json.JSONObject;
import org.springframework.stereotype.Controller;
import org.springframework.web.bind.annotation.RequestMapping;
import org.springframework.web.bind.annotation.RequestMethod;
import org.springframework.web.bind.annotation.ResponseBody;
import com.ssm.mvc,service.UserService;


@Controller
```

```
public class UserController {
    @Resource
    private UserService userSrvice;

    @RequestMapping(value = "home")
    public String homePage() {
        return "login";

    }

    @RequestMapping(value = "login", method = RequestMethod.POST)
    public String doUserLogin(HttpServletRequest request) {
        String userId = request.getParameter("user_id");
        String pwd = request.getParameter("user_pwd");
        HttpSession session = request.getSession();
        session.setAttribute("userId", userId);
        String view = userSrvice.userLoginService(userId, pwd);
        return view;
    }

    @RequestMapping(value = "query", method = RequestMethod.POST)
    @ResponseBody
    public JSONObject doUserQuery(HttpServletRequest request) {
        HttpSession session = request.getSession();
        String userId = (String)session.getAttribute("userId");
        JSONObject json = userSrvice.userQueryService(userId);
        return json;
    }
}
```

6. 开发用户业务层模块

本模块包含业务类文件 UserService.java，主要实现对用户登录验证逻辑 userLoginService 方法，以及用户检索自己信息的 userQueryService 方法，最后请求都转发到 DAO 层。类文件的编码如下：

UserService.java：

```
package com.ssm.mvc.service;
```

```
import javax.annotation.Resource;
import net.sf.json.JSONObject;
import org.springframework.stereotype.Service;
import com.ssm.mvc.dao.UserDAO;
import com.ssm.mvc.po.User;

@Service
public class UserService {
    @Resource
    private UserDAO dao;

    public String userLoginService(String userId,String pwd){
        String view = "";
        User user = dao.getUserById(userId);
        String dbPwd = user.getUserPwd();
        if (pwd.equals(dbPwd)) {
            view = "success";
        }
        else{
            view = "fail";
        }
        return view;
    }

    public JSONObject userQueryService(String userId){
        User user = dao.getUserById(userId);
        JSONObject json = JSONObject.fromObject(user);
        return json;
    }
}
```

7. 开发 DAO 操作模块

本模块包含 UserDAO.java 类文件，类中包含操作方法 getUserById，通过用户 ID 到用户表中检索对应用记录，并把记录转化为 User 实体的对象实例。类文件的编码如下：

UserDAO.java：

```
package com.ssm.mvc.dao;
```

```
import javax.annotation.Resource;
import org.springframework.jdbc.core.BeanPropertyRowMapper;
import org.springframework.jdbc.core.JdbcTemplate;
import org.springframework.jdbc.core.RowMapper;
import org.springframework.stereotype.Repository;
import com.ssm.mvc.po.User;

@Repository
public class UserDAO {
    @Resource
    private JdbcTemplate template_conn;

    public User getUserById(String uid){
        String sql = "select uid as uid,user_name as userName,user_pwd as
userPwd,user_work as userWork,user_salary as userSalary,user_role as
userRole,user_status as userStatus from user where uid=?";
        RowMapper<User> rowMapper=new BeanPropertyRowMapper<User>(User.class);
        User user=template_conn.queryForObject(sql,rowMapper,uid);

        return user;
    }
}
```

8. 前端视图页面开发

前端视图页面在"WEB-INF/pages"路径下，包括模块中的用户登录视图 login.jsp、登录认证失败视图 fail.jsp、登录成功后的自身信息检索视图 success.jsp，该路径下的所有视图页面不能直接访问，需经过 SpringMVC 流程的转跳才能到达目标视图资源。相关视图页面的编码如下：

login.jsp：

```
<%@ page language="java" import="java.util.*" pageEncoding="UTF-8"%>
<!DOCTYPE HTML PUBLIC "-//W3C//DTD HTML 4.01 Transitional//EN">
<html>
  <head>
    <title>登录</title>
  </head>
```

```
<body>
  <center>
  <h2>用户登录模块</h2>
  <form action="login" method="post">
      <table>
      <tr><td>账户: </td><td><input type="text"name="user_id"></td></tr>
      <tr><td>密码: </td><td><input type="text"name="user_pwd"></td></tr>
      <tr align="center"><td colspan="2"><input type="submit" value="登
  录"></td></tr>
      </table>
  </form>
  </center>
  </body>
</html>
```

success.jsp:

```
<%@ page language="java" import="java.util.*" pageEncoding="UTF-8"%>
<!DOCTYPE HTML PUBLIC "-//W3C//DTD HTML 4.01 Transitional//EN">
<html>
  <head>
    <title>success</title>
  </head>
  <body>
    <center>
    <h2>登录成功! </h2>
    <form action="query" method="post">
        <input type="submit" value="查询本人信息">
    </form>
    </center>
  </body>
</html>
```

fail.jsp:

```
<%@ page language="java" import="java.util.*" pageEncoding="UTF-8"%>
<!DOCTYPE HTML PUBLIC "-//W3C//DTD HTML 4.01 Transitional//EN">
<html>
  <head>
    <title>fail</title>
```

```
</head>
<body>
 <center>
 <h2>登录失败！</h2>
 <a href="home"><font color="gray" size="2px">重新登录</font></a>
 </center>
</body>
</html>
```

9. IoC 容器配置

IoC 容器配置文件即 Spring 框架配置文件 applicationContext.xml，主要配置 JSP 的视图解释器、C3P0 数据源、JdbcTemplate 连接实例、JSON 视图拦截器、JSON 数据转换器等方面信息。本文件的配置如下：

applicationContext.xml：

```
<?xml version="1.0" encoding="UTF-8"?>
<beans xmlns="http://www.springframework.org/schema/beans"
    xmlns:context="http://www.springframework.org/schema/context"
    xmlns:mvc="http://www.springframework.org/schema/mvc"
    xmlns:xsi="http://www.w3.org/2001/XMLSchema-instance"
    xsi:schemaLocation="http://www.springframework.org/schema/beans

    http://www.springframework.org/schema/beans/spring-beans-3.0.xsd
    http://www.springframework.org/schema/context

    http://www.springframework.org/schema/context/spring-context-3.0.xsd
    http://www.springframework.org/schema/mvc
    http://www.springframework.org/schema/mvc/spring-mvc-3.0.xsd">

    <mvc:annotation-driven/>
    <context:component-scan base-package="com.ssm.mvc"/>

    <bean

    class="org.springframework.web.servlet.view.InternalResourceViewRes
olver">
        <property name="prefix" value="/WEB-INF/pages/"/>
```

```
            <property name="suffix" value=".jsp"/>
    </bean>

    <bean id="mysql_ds" class="com.mchange.v2.c3p0.ComboPooledData-Source">
        <property name="user" value="root"></property>
        <property name="password" value="root"></property>
        <property name="jdbcUrl" value="jdbc:mysql://127.0.0.1:3306/
mvc_db?useUnicode=true&amp;characterEncoding=UTF-8"></property>
        <property name="driverClass" value="com.mysql.jdbc.Driver">
    </property>
    </bean>

    <bean id="template_conn" class="org.springframework.jdbc.core.JdbcTemplate">
        <property name="dataSource" ref="mysql_ds"></property>
    </bean>

    <bean id="jsonMessConverter" class="org.springframework.http.converter.
json.MappingJackson2HttpMessageConverter">
        <property name="supportedMediaTypes">
            <list><value>application/json;charset=UTF-8</value></list>
        </property>
    </bean>

    <bean id="jsonView" class="org.springframework.web.servlet.mvc.
annotation.AnnotationMethodHandlerAdapter">
        <property name="messageConverters">
            <list><ref bean="jsonMessConverter"/></list>
        </property>
    </bean>

</beans>
```

10. 配置工程映射文件

工程映射文件 web.xml 中主要配置 IoC 容器的参数环境，指明 applicationContext.xml 文件的位置，另外声明 SpringMVC 的请求匹配方式以及一级控制器的担当组件 DispatcherServlet。工程映射文件的配置如下：

web.xml：

```
<?xml version="1.0" encoding="UTF-8"?>
<web-app version="2.5"
    xmlns="http://java.sun.com/xml/ns/javaee"
    xmlns:xsi="http://www.w3.org/2001/XMLSchema-instance"
    xsi:schemaLocation="http://java.sun.com/xml/ns/javaee
    http://java.sun.com/xml/ns/javaee/web-app_2_5.xsd">
    <servlet>
        <servlet-name>springMVC</servlet-name>

        <servlet-class>org.springframework.web.servlet.DispatcherServlet
</servlet-class>
        <init-param>
        <param-name>contextConfigLocation</param-name>
        <param-value>/WEB-INF/classes/applicationContext.xml
</param-value>
        </init-param>
        <load-on-startup>1</load-on-startup>
    </servlet>
    <servlet-mapping>
        <servlet-name>springMVC</servlet-name>
        <url-pattern>/</url-pattern>
    </servlet-mapping>
</web-app>
```

11. Web 工程集成部署

Web 工程按以上步骤开发完毕后部署到 Tomcat 服务器上，启动中间件完毕后，在浏览器的地址栏输入"http://127.0.0.1:8080/ssm_chapter_04/home"即可看到如图 4-5 所示的登录视图页面，该视图是经过 UserController 二级控制器类中 homePage 方法的流程转跳而来。

在该视图下，如果用户输入不正确或经数据库 User 表比对后权证不合法，则会转跳到登录失败视图，如图 4-6 所示；如果用户经系统校验通过，则会转跳到登录成功的操作视图，如图 4-7 所示。用户账户及密码请查看 User 表的 uid 和 user_pwd 字段值。

图 4-5　用户登录视图

图 4-6　用户登录失败视图

图 4-7　用户登录成功视图

在登录成功的状态下，点击"查询本人信息"按钮，系统模块会到 User 表中检索到自己的个人信息记录，在向客户端返回时会把记录转化为 JSON 数据对象，最后在客户端浏览器上将看到其返回 JSON 格式的个人数据信息，如图 4-8 所示。

{"uid":"huangfang","userName":"黄
芳","userPwd":"huangfang","userRole":"User","userSalary":5600,"userStatus"
:"No","userWork":"文秘"}

图 4-8　个人信息检索响应 JSON 数据

第 5 章
MyBatis 应用框架

本章将论述 MyBatis 框架的基础应用、动态语句的组装配置以及相关底层实现原理，阐述 MyBatis 框架核心组件、流程控制以及各种操作实现，详述条件选择标签、更新标签、迭代标签的使用。

5.1 MyBatis 框架基础

MyBatis 是一个数据持久层的操作框架，提供了对 ORM 原理及思想的实现，使开发人员同样能以面向对象的思维及编程方式去操作关系数据库。在 MyBatis 框架中需要定义 POJO 实体类，需要有专用数据库连接实例，需要编写专用关系数据库操作语句。

MyBatis 框架是 Apache 基金会下的一个开源子项目，其前身是著名的 IBatis 框架，2010 年基金会把项目源码迁移到外部的托管平台上，随后重新命名为 MyBatis，从此在 Java EE 开发领域中占据越来越重要的位置。

5.1.1 MyBatis 框架搭建

MyBatis 框架是 ORM 技术的一种实现方式，其原理与 Hibernate 框架类似，但也存在众多的差异。Hibernate 是一种全自动化的持久化框架，其配置简单，提供了大量的 API 接口，编程实现效率高，但存在对数据库底层控制过于粗粒度的问题。MyBatis 框架则是一种半自动类型的持久化框架，配置起来相对麻烦，需要开发人员自己编写大量的 SQL 操作语句，编程效率会稍微低一点，但其最大的优势是对数据库底层能进行非常精细化的控制，可实现复杂的数据库操作需求。

MyBatis 框架的构建首先要在其官网下载框架的资源包，目前较新的版本是 mybatis-3.5.2，大家可以根据实际需要选择自己合适的版本下载。下载后将 mybatis-3.5.2.zip 文件解压缩可得到 mybatis-3.5.2.jar 文件，即为 MyBatis 框架的核心 jar 包，需要添加到 Web 工程中；同时还可以得到一个 lib 目录，里面存放的是 Web 工程的通用组件依赖 jar 包，如 Log4J 日志、Ant 打包插件等组件，建议添加到工程中，如果还有其他额外依赖组件，如数据库驱动包，也需要添加到工程项目中。

MyBatis 框架中有两种比较核心的 XML 类型文件，就是框架的配置文件以及数据表与实体类的映射文件，其功能和职责与 Hibernate 框架类似。

1. MyBatis 框架配置文件

MyBatis 框架配置文件名为"mybatis-config.xml"，位于工程字节码根路径下，即项目源码的 src 根路径下，主要负责数据源连接信息的配置，每个<environment>节点即为一个数据源的配置信息，在文件中可配置多个数据源节点，以供编码开发、集成测试、生产运营等不同环境间方便切换。

MyBatis 框架配置文件中还要通过<mapper>节点指明框架中数据实体类映射文件的位置，在资源初始化时要统一加载来构建会话工厂以及会话对象实例，文件中可以包含多个<mapper>节点。

配置文件：

名称：mybatis-config.xml。

位置：源码 Src 根路径下。

根节点：<configuration>。

数据源配置：<environments>为数据源的集合节点。通过 default 属性可指定默认数据源。<environment>为数据源信息节点，可以有多个<environment>节点。

映射文件声明：<mappers>为映射文件集合节点。<mapper>为映射文件信息节点，可以有多个<mapper>节点。通过 resource 属性声明文件位置。

在如下的 mybatis-config.xml 文件中，定义了两个数据源"dev_conn"和"test_conn"，两个数据源的配置不尽相同，如 IP、账户等。"dev_conn"用于编码开发，"test_conn"用于集成测试，配置文件中把"dev_conn"设置为默认数据源。配置文件中还包含三个映射文件，分别是"com/ssm/orm/mapper"路径下的"OrderMapper.xml""SendMapper.xml"
"PayMapper.xml"。

mybatis-config.xml：

```xml
<?xml version="1.0" encoding="UTF-8" ?>
<!DOCTYPE configuration PUBLIC "-//mybatis.org//DTD Config 3.0//EN"
"http://mybatis.org/dtd/mybatis-3-config.dtd">
<configuration>
    <environments default="dev_conn">
        <environment id="dev_conn">
            <transactionManager type="JDBC" />
            <dataSource type="POOLED">
                <property name="driver" value="com.mysql.jdbc.Driver" />
                <property name="url" value="jdbc:mysql://127.0.0.1:3306/
                dev_db" />
                <property name="username" value="root" />
                <property name="password" value="root" />
            </dataSource>
        </environment>
        <environment id="test_conn">
            <transactionManager type="JDBC" />
            <dataSource type="POOLED">
                <property name="driver" value="com.mysql.jdbc.Driver" />
                <property name="url" value="jdbc:mysql://192.168.10.26:
                3306/test_db" />
                <property name="username" value="super" />
                <property name="password" value="super" />
            </dataSource>
        </environment>
    </environments>
    <mappers>
        <mapper resource="com/ssm/orm/mapper/OrderMapper.xml" />
        <mapper resource="com/ssm/orm/mapper/SendMapper.xml" />
        <mapper resource="com/ssm/orm/mapper/PayMapper.xml" />
    </mappers>
</configuration>
```

2. MyBatis 映射文件

MyBatis 框架映射文件也是实现从应用程序的数据实体模型（POJO）到关系数据表的映射，是面向对象应用程序与关系型数据库转换的桥梁，在初始时由框架载入相关 SQL 操作映射。

1）基本语法

MyBatis 框架映射文件与 Hibernate 框架有较大的差别，MyBatis 框架映射文件主要为 DAO 操作节点编写相关的 SQL 语句，可以动态接收各种类型参数。在每个映射文件中还需要定义出各自的命名空间，以防止在多个文件中操作节点调用混淆。

映射文件：

（1）命名格式：Bean 类名称 + Mapper + 文件后缀（.xml），如：OrderMapper.xml。

（2）命名空间：namespace。

①每个文件必须有一个命名空间（与路径结构对应）；

②类似 Java 类的包；

③区别不同文件中 DAO 操作节点。

（3）操作节点类型：

①查询检索操作：<select>；

②插入数据操作：<insert>；

③更新数据操作：<update>；

④删除数据操作：<delete>。

（4）操作节点属性：

①id 属性：操作节点的唯一标识；

②parameterType 属性：传入操作节点语句的参数类型；

③resultType 属性：操作返回数据的封装类型。

（5）操作节点的调用方法：映射文件命名空间 + 操作节点 id。

2）占位符

在 MyBatis 框架映射文件有一个非常重要的语法就是关于占位符的使用，占位符的作用是接收从外部传入 SQL 语句的动态参数，有#{param}和${param}两种形式。#{param}

取到的是参数变量的字面值，如一个字符串 String 类型属性 name 的值是"LiMing"，则#{name}方式得出的参数值为：'LiMing'，参数值带了引号，而${param}取到的是参数变量的直接字符值，${name}方式得出的参数值为：LiMing，参数值不带引号，可以跟前后的字符进行直接拼接，这样容易引起外部的 SQL 注入攻击，存在安全风险问题。

占位符参数：

方式 1：#{param}

（1）通过预编译的方式添加到 SQL 语句中；

（2）通过动态参数赋值。

方式 2：${param}

（1）以直接编译的方式添加到 SQL 语句中；

（2）通过字符拼接的形式实现。

3）转义符

在 MyBatis 框架的映射文件中，有一些特殊的符号因包含有特定含义，不能直接在操作节点的 SQL 语句中使用，需采用转义符的形式来替代，如大于号、小于号、单引号、双引号等符号。

转义符号：

大于号：>

大于或等于号：>=

小于号：<

小于或等于号：<=

逻辑与符号：&

单引号：'

双引号："

在以下的 OrderMapper.xml 文件中，声明了自身的命名空间为"com.ssm.orm.mapper.OrderMapper"，同时通过<select>节点声明了两个数据检索操作节点"findOrderByOrderId""findOrderByCommodity"。

OrderMapper.xml：

```xml
<?xml version="1.0" encoding="UTF-8" ?>
<!DOCTYPE mapper PUBLIC "-//mybatis.org//DTD Mapper 3.0//EN"
"http://mybatis.org/dtd/mybatis-3-mapper.dtd">
<mapper namespace="com.ssm.orm.mapper.OrderMapper">
    <select id="findOrderByOrderId" parameterType="Integer" resultType=
"com.ssm.orm.pojo.Order">
        select order_id as orderId,user_id as userId,order_money as
    orderMoney,order_time as orderTime from t_order where order_id =
    #{orderId}
    </select>
    <select id="findOrderByCommodity" parameterType="String" resultType=
"com.ssm.orm.pojo.Order">
        select order_id as orderId,user_id as userId,order_money as
    orderMoney,order_time as orderTime from t_order where order_commodity
    like concat('%',#{value},'%')
    </select>
</mapper>
```

5.1.2 MyBatis 核心组件

MyBatis 框架的核心组件与 Hibernate 框架非常类似，同样存在着会话工厂、会话实例、事务实例等组件，除此之外还有 SQL 语句传递组件、返回数据封装组件等，各种组件之间相互协作共同完成持久化操作过程。

核心组件：

（1）SqlSessionFactory：会话工厂，代表数据源。实例构建方式：SqlSessionFactory Builder 类型中的 build 函数。

（2）SqlSession：SQL 会话，代表数据库操作连接实例。实例构建方式：SqlSession Factory 类型中的 openSession 函数。openSession 函数中不传入参数时，默认开启手动事务；openSession 函数中传入 boolean 类型值 true，则开启自动事务。

（3）Executor：SQL 管理器，负责 SQL 语句组装，负责传递 SQL 语句到关系数据库服务器。

（4）MappedStatement：参数封装器，负责封装传入 SQL 语句的动态参数。

（5）ResultHandler：数据对象封装器，负责返回数据封装成各种类型。

5.1.3　MyBatis 流程控制

　　MyBatis 框架的流程控制过程：先从对配置文件的资源初始化开始，继而构建会话工厂并获取会话对象，进而再动态生成 SQL 语句，发送到数据库服务器执行，对返回数据进行重新封装得到所需业务模型对象实例等步骤，如图 5-1 所示。

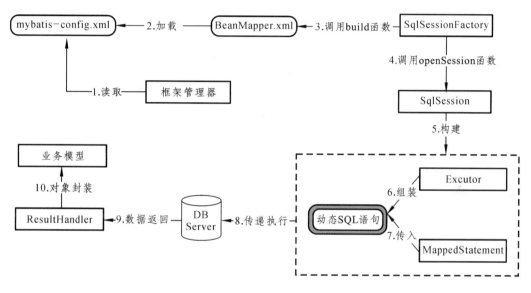

图 5-1　MyBatis 流程控制

　　（1）在 MyBatis 框架的资源管理器类中，以输入流的形式读取配置文件 mybatis-config.xml，进行资源初始化。

　　（2）在配置文件 mybatis-config.xml 中加载框架所对应的所有映射文件 BeanMapper.xml，以便于后面构建相关数据资源实例。

　　（3）以上面资源文件为参数，在 SqlSessionFactoryBuilder 类型实例调用 build 函数，构建出会话工厂 SqlSessionFactory。

　　（4）通过会话工厂 SqlSessionFactory 实例中的 openSession 函数，构建出数据库的会话对象 SqlSession。

　　（5）通过 SQL 管理器 Executor 及参数封装器 MappedStatement 动态构建 SQL 操作语句。

　　（6）SQL 管理器 Executor 负责对框架中的所有实体映射文件中的各个 DAO 操作节

点动态生成对应的 SQL 语句。

（7）参数封装器 MappedStatement 构析出所传入的 SQL 参数，并在 SQL 语句被执行前进行动态赋参。

（8）经过赋参的动态 SQL 语句传递到数据库服务中，并执行相关的检索、插入、更新、删除等操作。

（9）数据库服务器对 SQL 语句执行完毕后将返回相关的数据记录信息（包括写操作中对数据表的影响信息）到数据对象封装器 ResultHandler。

（10）据对象封装器 ResultHandler 对返回的记录按照所定义的业务模型对象进行重新封装，得到数据对象实例。

5.1.4　查询检索操作

MyBatis 框架查询检索是通过会话对象 SqlSession 中的 selectOne、selectList 方法来实现对关系数据表的操作，selectOne 方法实现对单条数据的检索操作，selectList 方法实现对多条数据的检索操作。

查询检索函数：

（1）selectOne（String str，Object obj）:

①只能返回单条数据，否则会抛出异常。

②参数 1：String str，映射文件命名空间 + 操作节点的 id。

③参数 2：Object obj，传入 select 操作节点上的参数值，需与 parameterType 属性一致。

④可直接返回数据实体模型（POJO）对象。

（2）selectList(String str，Object obj):

①可以返回任意条数据，包括单条数据。

②参数 1：String str，映射文件命名空间 + 操作节点的 id。

③参数 2：Object obj，传入 select 操作节点上的参数值，需与 parameterType 属性一致。

④返回 List 集合实例，不能直接返回数据实体模型（POJO）对象。

在如下的 OrderDAO.java 类文件中，定义了 findOrderByOrderId、findOrderByCommodity 两个 DAO 操作方法，前者通过 selectOne 函数实现通过传入 orderId 检索单条数据，后者通过 sqlSession.selectList 函数实现通过传入 commodity 检索任意条数据。

OrderDAO.java(1)：

```java
package com.ssm.orm;
import java.io.IOException;
import java.io.InputStream;
import java.util.List;
import org.apache.ibatis.io.Resources;
import org.apache.ibatis.session.SqlSession;
import org.apache.ibatis.session.SqlSessionFactory;
import org.apache.ibatis.session.SqlSessionFactoryBuilder;
import com.ssm.orm.pojo.Order;

public class OrderDAO {
    InputStream ips ;
    SqlSessionFactory sqlSessionFactory ;

    public OrderDAO(){
        try {
            ips = Resources.getResourceAsStream("mybatis-config.xml");
            sqlSessionFactory = new SqlSessionFactoryBuilder().
        build(ips);
        } catch (IOException e) {
            e.printStackTrace();
        }
    }

    public void findOrderByOrderId(Integer orderId) {
        SqlSession sqlSession = sqlSessionFactory.openSession();
        Order order = sqlSession.selectOne("com.ssm.orm.mapper.OrderMapper.
    findOrderByOrderId", orderId);
        System.out.println(order.getOrderId() + "\t" + order.getUserId()
    + "\t" +order.getOrderMoney() + "\t" +order.getOrderTime());
        sqlSession.close();
    }

    public void findOrderByCommodity(String commodity) {
        SqlSession sqlSession = sqlSessionFactory.openSession();
        List<Order> list = sqlSession.selectList("com.ssm.orm.mapper.
    OrderMapper.findOrderByCommodity", commodity);
```

```
    for (int i = 0; i < list.size(); i++) {
        Order order = list.get(i);
        System.out.println(order.getOrderId() + "\t" + order.getUserId()
    + "\t" +order.getOrderMoney() + "\t" +order.getOrderTime());
    }
    sqlSession.close();
    }
}
```

5.1.5　增、删、改操作

MyBatis 框架增加、删除、修改三种类型的写操作是通过会话对象 SqlSession 中的 insert、delete、update 方法来实现对关系数据表的操作。三种操作都需要在映射文件配置好对应的操作节点<insert>、<delete>、<update>。

增、删、改函数：

（1）insert（String str，Object obj）：

①用于插入数据操作，一次只能插入一条数据。

②参数 1：String str，映射文件命名空间 + 操作节点的 id。

③参数 2：Object obj，传入 insert 操作节点上的参数，需与 parameterType 属性一致。

④方法可以设置返回新插入数据的 id。

（2）delete（String str，Object obj）：

①用于删除数据操作，一次可删除多条数据。

②参数 1：String str，映射文件命名空间 + 操作节点的 id。

③参数 2：Object obj，传入 select 操作节点上的参数值，需与 parameterType 属性一致。

④方法返回操作影响了数据表的多少行记录。

（3）update（String str，Object obj）：

①用于更新数据操作，一次可更新多条数据。

②参数 1：String str，映射文件命名空间 + 操作节点的 id。

③参数 2：Object obj，传入 update 操作节点上的参数，需与 parameterType 属性一致。

④方法返回操作影响了数据表的多少行记录。

在如下的 OrderMapper.xml 映射文件中，定义了<insert id="insertOrder">、<update

id="updateOrder">、<delete id="deleteOrder">三个写操作节点，其<insert>节点中设置了
useGeneratedKeys="true"属性，用于返回新插入的记录的自增 ID，keyProperty="orderId"
用于指定 POJO 实体模型中的 ID 属性，此属性将存储返回的新记录 ID 值。

OrderMapper.xml：

```xml
<?xml version="1.0" encoding="UTF-8" ?>
<!DOCTYPE mapper PUBLIC "-//mybatis.org//DTD Mapper 3.0//EN"
"http://mybatis.org/dtd/mybatis-3-mapper.dtd">
<mapper namespace="com.ssm.orm.mapper.OrderMapper">
    <insert id="insertOrder" parameterType="com.ssm.orm.pojo.Order"
useGeneratedKeys="true" keyProperty="orderId">
    insert into t_order(order_id,user_id,order_commodity,order_money,
order_time,order_status)
values(#{orderId},#{userId},#{orderCommodity},#{orderMoney},#{orderTim
e},#{orderStatus})
    </insert>

    <update id="updateOrder" parameterType="com.ssm.orm.pojo.Order">
        update t_order set order_money=#{orderMoney},order_status=
#{orderStatus} where user_id=#{userId}
    </update>

    <delete id="deleteOrder" parameterType="com.ssm.orm.pojo.Order">
        delete from t_order where user_id=#{userId}
    </delete>
</mapper>
```

在如下的 OrderDAO.java 类文件中，定义了 insertOrder、updateOrder、deleteOrder
三个 DAO 操作方法，用于实现对数据表的增加、删除、更新操作。在 MyBatis 框架中
会默认开启手动事务，所以最后要执行事务的提交语句，数据才能正式写入关系数据表。

OrderDAO.java（2）：

```java
package com.ssm.orm;
import java.io.IOException;
import java.io.InputStream;
import org.apache.ibatis.io.Resources;
import org.apache.ibatis.session.SqlSession;
```

```java
import org.apache.ibatis.session.SqlSessionFactory;
import org.apache.ibatis.session.SqlSessionFactoryBuilder;
import com.ssm.orm.pojo.Order;

public class OrderDAO {
    InputStream ips ;
    SqlSessionFactory sqlSessionFactory ;

    public OrderDAO(){
        try {
            ips = Resources.getResourceAsStream("mybatis-config.xml");
            sqlSessionFactory = new SqlSessionFactoryBuilder().
        build(ips);
        } catch (IOException e) {
            e.printStackTrace();
        }
    }

    public void insertOrder(Order order) {
            SqlSession sqlSession = sqlSessionFactory.openSession();
            int rows = sqlSession.insert("com.ssm.orm.mapper.OrderMapper.
            insertOrder", order);
            sqlSession.commit();
            sqlSession.close();
            System.out.println("插入了"+rows+"行数据! ");
    }

    public void updateOrder(Order order) {
            SqlSession sqlSession = sqlSessionFactory.openSession();
            int rows = sqlSession.update("com.ssm.orm.mapper.OrderMapper.
            updateOrder", order);
            sqlSession.commit();
            sqlSession.close();
            System.out.println("更新了"+rows+"行数据! ");
    }

    public void deleteOrder(Order order) {
            SqlSession sqlSession = sqlSessionFactory.openSession();
            int rows = sqlSession.delete("com.ssm.orm.mapper.OrderMapper.
```

```
deleteOrder", order);
    sqlSession.commit();
    sqlSession.close();
    System.out.println("删除了"+rows+"行数据! ");
    }
}
```

5.2　MyBatis 动态语句组装

MyBatis 动态语句组装是指使用动态标签在应用中根据业务场景，按实际需要动态生成各类型的 SQL 语句。动态语句组装是 MyBatis 框架的一个重要优势，其能实现更细粒度、更精准的控制关系数据表。

MyBatis 框架中提供了众多的动态标签元素来支持动态 SQL 语句组装，如条件组装标签、更新操作标签、循环迭代标签等，每种标签都实现了某种业务逻辑功能，在编译映射文件操作节点时将直接转化成为对应的 SQL 操作语句。

5.2.1　<if>标签

<if>是一个条件选择判断标签，用于根据不同的条件选择生成不同的 SQL 操作语句，类似于 Java 语言中的 if 条件分支结构。<if>标签只能实现单级的逻辑判断，不能实现多级关联逻辑判断，是一个最基本、常见的动态标签。

<if>标签语法：

（1）标签开头与结尾需配对；

（2）标签中的 test 属性可接受布尔类型的条件表达式；

（3）条件表达式结果值为 true 时执行结构的语句；

（4）条件表达式结果值为 false 时跳过结构的语句；

（5）一个 SQL 操作节点中可以有多个<if>标签结构。

在以下的<if>标签元素应用样例中，通过<if>标签来实现在查询检索中，对所有非空属性列入 where 从句中的数据过滤条件。在 where 子句中有一个 "100=100" 的条件语句，是为了防止所有属性为空的情况下 where 子句后没有数据过滤条件从句而导致 SQL 语法错误。

<if>标签元素应用样例：

```
<select id="findOrderByInstance_If" parameterType="com.ssm.orm.pojo.
Order" resultType="com.ssm.orm.pojo.Order">
    select order_id as orderId,user_id as userId,order_money as orderMoney,
order_time as orderTime
    from t_order where 100=100
    <if test="orderId!=null">
        and order_id=#{orderId}
    </if>
    <if test="userId!=null">
        and user_id=#{userId}
    </if>
    <if test="orderMoney!=null and orderMoney!=''">
        and order_money=#{orderMoney}
    </if>
    <if test="orderTime!=null">
        and order_time=#{orderTime}
    </if>
    <if test="orderStatus!=null and orderStatus!=''">
        and order_status=#{orderStatus}
    </if>
    <if test="orderCommodity!=null and orderCommodity!=''">
        and order_commodity=#{orderCommodity}
    </if>
</select>
```

5.2.2 <choose>标签

<choose>同样是一个条件选择判断标签，用于根据不同的条件选择生成不同的 SQL 操作语句，类似于 Java 语言中的 switch 条件分支结构。<choose>标签与<if>标签的区别在于，<if>只能实现单级的逻辑判断，<choose>能实现多级关联逻辑判断，其完整的组合是<choose> <when> <otherwise>。

<choose>标签语法：

（1）<when>标签的 test 属性用作条件判断；

（2）test 属性可接受布尔类型的条件表达式；

（3）条件表达式结果值为 true 时执行结构的语句；

（4）条件表达式结果值为 false 时跳过结构的语句；

（5）<when>标签所有条件都不成立，则执行<otherwise>标签的结构语句；

（6）可实现多级关联逻辑判断。

在以下的<choose>标签元素应用样例中，通过<choose>标签来实现在查询检索中，对第一个非空属性列入 where 从句中的数据过滤条件，如果<when>条件中的所有属性都为空，则把<otherwise>标签中的属性作为数据过滤条件。

<choose>标签元素应用样例：

```xml
<select id="findOrderByInstance_When" parameterType="com.ssm.orm.pojo.
Order" resultType="com.ssm.orm.pojo.Order">
    select order_id as orderId,user_id as userId,order_money as orderMoney,
order_time as orderTime
    from t_order where
    <choose>
        <when test="orderId!=null">
            order_id=#{orderId}
        </when>
        <when test="userId!=null">
            user_id=#{userId}
        </when>
        <when test="orderMoney!=null and orderMoney!=''">
            order_money=#{orderMoney}
        </when>
        <when test="orderTime!=null">
            order_time=#{orderTime}
        </when>
        <when test="orderStatus!=null and orderStatus!=''">
            order_status=#{orderStatus}
        </when>
        <otherwise>
            order_commodity=#{orderCommodity}
        </otherwise>
    </choose>
</select>
```

5.2.3 <set>标签

<set>是一个用于更新操作的标签元素,用于在更新操作 SQL 语句中输出 set 关键字,以实现根据实际业务需求动态添加要更新的字段。一般来说,<set>标签需要与<if>或其他条件标签配合使用,<set>标签能自动删除最后一个更新字段后的逗号,以保证 SQL 语句的语法正确。

<set>标签语法:

(1)用于动态添加关系表中需要更新的字段;

(2)在更新操作语句中输出 set 关键字;

(3)一般需要与其他条件标签配合使用;

(4)能自动删除最后一个更新字段后的逗号。

在以下的<set>标签元素应用样例中,通过<set>与<if>标签的相互配合来实现在 update 操作中对所有非空属性作为更新操作的字段,在最后<set>标签自动把最后一个更新字段后的逗号去除。

<set>标签元素应用样例:

```
<update id="updateOrderByInstance_Set" parameterType="com.ssm.orm.pojo.
Order">
    update t_order
    <set>
        <if test="orderId!=null">
            order_id=#{orderId},
        </if>
        <if test="orderMoney!=null and orderMoney!=''">
            order_money=#{orderMoney},
        </if>
        <if test="orderTime!=null">
            order_time=#{orderTime},
        </if>
        <if test="orderStatus!=null and orderStatus!=''">
            order_status=#{orderStatus},
        </if>
        <if test="orderCommodity!=null and orderCommodity!=''">
            order_commodity=#{orderCommodity},
        </if>
```

```
    </set>
    where user_id=#{userId}
</update>
```

5.2.4　<foreach>标签

<foreach>是一个循环迭代标签，用于 in 从句中对所传入的集合类型进行迭代，遍历出相关元素追加到条件从句中，以实现 SQL 条件语句的动态拼装。<foreach>可实现对 List、Set、Map、Array 等类型数据的迭代操作。

<foreach>标签语法：

（1）item 属性：设定当前循环中的迭代元素变量；

（2）index：设定当前循环中的迭代元素的下标位置变量，从 0 开始；

（3）collection：设定所循环迭代的集合参数类型；

（4）open：设置条件从句的开始符号；

（5）close ：设置条件从句的结束符号；

（6）separator ：设置条件从句中元素的分隔符号。

在以下的<foreach>标签元素应用样例中，通过<foreach>标签来实现在查询检索中对 where 数据过滤的 in 从句中从所传入的 List 集合参数中的 userId 元素进行迭代，最后得到形如 "in(100, 200, 300, 400)" 的迭代从句，并拼装在 where 从句中。

<foreach>标签元素应用样例：

```
<select id="findOrderByInstance_Foreach" parameterType="List" resultType=
"com.ssm.orm.pojo.Order">
    select order_id as orderId,user_id as userId,order_money as orderMoney,
order_time as orderTime
    from t_order where user_id in
    <foreach item="each_var" index="each_i" collection="list" open="("
separator="," close=")">
        #{each_var}
    </foreach>
</select>
```

5.2.5 \<where\>标签

\<where\>是一个用于条件从句中动态输出 where 关键字的常用标签，该标签动态判断条件从句中是否有数据过滤字段，如有则输出 where 关键字，如没有则不输出 where 关键字。此外，\<where\>还会判断条件字段前面是否需要 and、or 等关键字，如不需要则会自动去除，从而保证条件从句语法的正确性。

\<where\>标签语法：

（1）用于动态输出 where 关键字；

（2）条件从句中有数据过滤字段自动输出 where 关键字；

（3）条件从句中没有数据过滤字段则不输出 where 关键字；

（4）自动判断条件字段前面是否需要 and、or 关键字。

在以下的\<where\>标签元素应用样例中，如果条件从句中有一个以上的字段作为数据过滤的筛选条件，则会通过\<where\>标签自动输出 where 关键字，同时也会自动去除第一个条件字段前面的 and 关键字，如果没有字段符合条件作为数据过滤的筛选条件时则不会输出 where 关键字。

\<where\>标签元素应用样例：

```xml
<select id="findOrderByInstance_Where" parameterType="com.ssm.orm.pojo.
Order" resultType="com.ssm.orm.pojo.Order">
    select order_id as orderId,user_id as userId,order_money as orderMoney,
order_time as orderTime from t_order
    <where>
        <if test="orderId!=null">
            and order_id=#{orderId}
        </if>
        <if test="userId!=null">
            and user_id=#{userId}
        </if>
        <if test="orderMoney!=null and orderMoney!=''">
            and order_money=#{orderMoney}
        </if>
        <if test="orderTime!=null">
            and order_time=#{orderTime}
        </if>
```

```
        <if test="orderStatus!=null and orderStatus!=''">
            and order_status=#{orderStatus}
        </if>
        <if test="orderCommodity!=null and orderCommodity!=''">
            and order_commodity=#{orderCommodity}
        </if>
    </where>
</select>
```

5.2.6 <trim>标签

<trim>是一个字符组装标签，用于更加灵活地构建 SQL 语句，可实现在 SQL 从句中添加前缀、后缀字符串，同时还可以实现在 SQL 从句的前面、后尾去除某些多余的字符串，构建更加复杂的 SQL 语句。<trim>标签中有 prefix、suffix、prefixOverrides、suffixOverrides 等属性。

< trim >标签语法：

（1）prefix 属性：设定需要追加的 SQL 从句前缀字符串；

（2）suffix 属性：设定需要追加的 SQL 从句后缀字符串；

（3）prefixOverrides 属性：设定需要去除的前缀字符串；

（4）suffixOverrides 属性：设定需要去除的后缀字符串。

在以下的<trim>标签元素应用样例中，声明了两个操作节点"findOrderByInstance_Trim"和"updateOrderByInstance_Trim"。前者是一个查询检索操作节点，通过<trim>标签实现了在 SQL 语句后面动态判断是否要添加 where 数据筛选从句。后者是一个更新操作节点，通过<trim>标签实现了动态判断要更新的字段，通过 prefix 属性自动输出关键字 set，通过 suffixOverrides 属性自动去除多余的逗号，通过 suffix 属性自动在从句的后尾输出 where，以拼接后面的条件筛选字段落 user_id。

<trim>标签元素应用样例：

```
<select id="findOrderByInstance_Trim" parameterType="com.ssm.orm.pojo.
Order" resultType="com.ssm.orm.pojo.Order">
    select order_id as orderId,user_id as userId,order_money as orderMoney,
order_time as orderTime from t_order
    <trim prefix="where" prefixOverrides="and">
```

```
            <if test="orderId!=null">
                and order_id=#{orderId}
            </if>
            <if test="userId!=null">
                and user_id=#{userId}
            </if>
            <if test="orderMoney!=null and orderMoney!=''">
                and order_money=#{orderMoney}
            </if>
            <if test="orderTime!=null">
                and order_time=#{orderTime}
            </if>
            <if test="orderStatus!=null and orderStatus!=''">
                and order_status=#{orderStatus}
            </if>
            <if test="orderCommodity!=null and orderCommodity!=''">
                and order_commodity=#{orderCommodity}
            </if>
        </trim>
</select>
<update id="updateOrderByInstance_Trim" parameterType="com.ssm.orm.pojo.
Order">
    update t_order
    <trim prefix="set" suffix="where" suffixOverrides=",">
        <if test="orderId!=null">
            order_id=#{orderId},
        </if>
        <if test="orderMoney!=null and orderMoney!=''">
            order_money=#{orderMoney},
        </if>
        <if test="orderTime!=null">
            order_time=#{orderTime},
        </if>
        <if test="orderStatus!=null and orderStatus!=''">
            order_status=#{orderStatus},
        </if>
        <if test="orderCommodity!=null and orderCommodity!=''">
            order_commodity=#{orderCommodity},
        </if>
```

```
</trim>
    user_id=#{userId}
</update>
```

5.3　应用项目开发

MyBatis 是一个 ORM 类型的持久层框架，继承了 ORM 的原理与思想，同时对 ORM 进行了扩展，使框架对数据库底层有非常细的粒度与极度精准的操作控制，适合于业务精细度要求高的 Web 信息系统的持久化开发。

5.3.1　模块功能描述

有队员（t_member）、赛队（t_team）、获奖（t_prize）三张数据表，队员表记录队员基本信息，赛队表记录参赛队伍的基本信息，获奖表记录队员获奖的基本信息，其中队员表通过"team_id"字段关联赛队表，获奖表通过"member_id"关联队员表，各表的具体结构如下，现在要求用 MyBatis 框架实现以下对关系数据表的相关操作。

（1）对队员表插入若干条数据；

（2）检索出每队的人员数量；

（3）检索出每队的获奖数量；

（4）检索获奖队员的具体获奖信息。

表结构：

（1）队员表（t_member）：

队员 ID：mid　varchar　primary key；

队员姓名：name　varchar；

队员年龄：age　smallint；

队员等级：rank　varchar。

所属赛队：team_id varchar。

（2）赛队表（t_team）：

赛队 ID：tid　varchar　primary key；

赛队名称：name　varchar；

赛队成立时间：setup_time　date；

队长：leader_id　varchar。

（3）获奖表（t_prize）：

获奖 ID：pid　varchar　primary key；

奖项名称：name　varchar；

奖项等级：rank　varchar；

获奖时间：prize_time　date；

获奖人：member_id　varchar；

5.3.2　模块编码开发

应用项目的开发过程包括数据库环境的创建、工程项目搭建、MyBatis 框架组件添加、业务模型实体类、DAO 数据库操作类开发、BeanMapper.xml 映射文件编码开发及测试验证等。

1. 数据库表环境创建

按相关表结构，通过 team_compete.sql 脚本在 MySQL 数据库服务器中创建 t_member、t_prize、t_team 数据表，并往表中插入若干条数据，创建成功后的三张关系数据表如图 5-2、图 5-3、图 5-4 所示。

team_compete.sql：

```
CREATE DATABASE IF NOT EXISTS orm;
USE orm;

DROP TABLE IF EXISTS t_member;
CREATE TABLE t_member (
  mid varchar(45) NOT NULL,
  name varchar(45) NOT NULL,
  age smallint(5) unsigned NOT NULL,
  rank varchar(45) NOT NULL,
  team_id varchar(45) NOT NULL,
  PRIMARY KEY  (mid)
) ENGINE=InnoDB DEFAULT CHARSET=utf8;
```

```
INSERT INTO t_member (mid,name,age,rank,team_id) VALUES
('M1001','卢永青',18,'三级','T001'),
('M1002','张志平',20,'一级','T003'),
('M1003','李三明',19,'二级','T002'),
('M1004','黄秀红',18,'三级','T004'),
('M1005','刘青华',21,'二级','T001'),
('M1006','谢明辉',19,'二级','T001'),
('M1007','周东军',20,'三级','T002'),
('M1008','伍思红',18,'二级','T003'),
('M1009','苗青秀',19,'一级','T001'),
('M1010','陈芬茹',19,'二级','T003'),
('M1011','何丽红',20,'二级','T004');

DROP TABLE IF EXISTS t_prize;
CREATE TABLE t_prize (
  pid varchar(45) NOT NULL,
  name varchar(45) NOT NULL,
  rank varchar(45) NOT NULL,
  prize_time date NOT NULL,
  member_id varchar(45) NOT NULL,
  PRIMARY KEY  (pid)
) ENGINE=InnoDB DEFAULT CHARSET=utf8;

INSERT INTO t_prize (pid,name,rank,prize_time,member_id) VALUES
('P201','百歌颂中华大赛','二等奖','2020-04-08','M1005'),
('P202','数学建模设计','一等奖','2021-08-15','M1008'),
('P203','电子商务运营设计','三等奖','2020-10-19','M1003'),
('P204','工业互联网设计','一等奖','2021-03-08','M1002'),
('P205','国防知识进校园','三等奖','2022-01-06','M1010'),
('P206','IT信息化设计','一等奖','2021-05-20','M1007'),
('P207','大学生创业大赛','一等奖','2021-05-20','M1004');

DROP TABLE IF EXISTS t_team;
CREATE TABLE t_team (
  tid varchar(45) NOT NULL,
  name varchar(45) NOT NULL,
  setup_time date NOT NULL,
  leader_id varchar(45) NOT NULL,
  PRIMARY KEY  (tid)
```

```
) ENGINE=InnoDB DEFAULT CHARSET=utf8;

INSERT INTO t_team (tid,name,setup_time,leader_id) VALUES
('T001','机械工程代表队','2020-05-09','M1006'),
('T002','工商管理代表队','2021-06-10','M1003'),
('T003','电子信息代表队','2022-02-15','M1008'),
('T004','轻化工代表队','2021-09-18','M1004');
```

```
1 SELECT * FROM t_member t;
```

mid	name	age	rank	team_id
M1001	卢永青	18	三级	T001
M1002	张志平	20	一级	T003
M1003	李三明	19	二级	T002
M1004	黄秀红	18	三级	T004
M1005	刘青华	21	二级	T001
M1006	谢明辉	19	二级	T001
M1007	周东军	20	三级	T002
M1008	伍思红	18	二级	T003
M1009	苗秀秀	19	一级	T001
M1010	陈芬茹	19	二级	T003
M1011	何丽红	20	二级	T004

图 5-2 t_member 关系数据表

```
1 SELECT * FROM t_prize t;
```

pid	name	rank	prize_time	member_id
P201	百歌颂中华大赛	二等奖	2020-04-08	M1005
P202	数学建模设计	一等奖	2021-08-15	M1008
P203	电子商务运营设计	三等奖	2020-10-19	M1003
P204	工业互联网设计	一等奖	2021-03-08	M1002
P205	国防知识进校园	三等奖	2022-01-06	M1010
P206	IT信息化设计	一等奖	2021-05-20	M1007
P207	大学生创业大赛	一等奖	2021-05-20	M1004

图 5-3 t_prize 关系数据表

```
1 SELECT * FROM t_team t;
```

tid	name	setup_time	leader_id
T001	机械工程代表队	2020-05-09	M1006
T002	工商管理代表队	2021-06-10	M1003
T003	电子信息代表队	2022-02-15	M1008
T004	轻化工代表队	2021-09-18	M1004

图 5-4 t_team 关系数据表

2. 导入项目工程依赖 jar 文件

使用 IDE 集成开发工具搭建 Web 工程，导入 MyBatis 框架核心 jar 包、其他项目所依赖的通用组件 jar 包、MySQL 数据库驱动 jar 包，如图 5-5 所示。

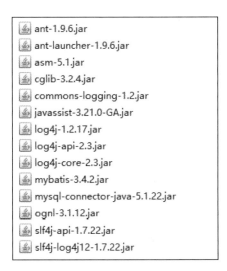

图 5-5 项目工程所依赖的 jar 文件

3. MyBatis 框架配置文件开发

在项目工程源码根目录,即 src 目录下添加 MyBatis 持久化框架的配置文件"mybatis-config.xml",在文件中配置数据库的连接实例以及声明本项目工程中的所有数据实体映射文件,文件的配置如下:

mybatis-config.xml:

```xml
<?xml version="1.0" encoding="UTF-8" ?>
<!DOCTYPE configuration PUBLIC "-//mybatis.org//DTD Config 3.0//EN"
"http://mybatis.org/dtd/mybatis-3-config.dtd">
<configuration>
    <environments default="dev_conn">
        <environment id="dev_conn">
            <transactionManager type="JDBC" />
            <dataSource type="POOLED">
                <property name="driver" value="com.mysql.jdbc.Driver" />
                <property name="url" value="jdbc:mysql://127.0.0.1:3306/
        orm" />
                <property name="username" value="root" />
                <property name="password" value="root" />
            </dataSource>
        </environment>
```

```
    </environments>
    <mappers>
        <mapper resource="com/ssm/demo/mapper/MemberMapper.xml" />
        <mapper resource="com/ssm/demo/mapper/TeamMapper.xml" />
        <mapper resource="com/ssm/demo/mapper/PrizeMapper.xml" />
    </mappers>
</configuration>
```

4. 构建工程模块包

Web 工程中包含 3 个模块包：dao、mapper、po，在每个模块包下创建相应的业务资源文件，如图 5-6 所示。

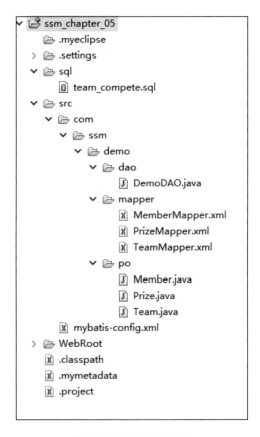

图 5-6　项目工程结构

（1）模块包 com.ssm.demo.dao，为项目工程业务 DAO 操作模块，包含 DemoDAO

数据表操作类文件。

（2）模块包 com.ssm.demo.po，为项目工程业务实体模块，包含 Member 业务实体类文件、Team 业务实体类文件和 Prize 业务实体类文件。

（3）模块包 com.ssm.demo.mapper，为项目工程数据实体映射资源包，包含 MemberMapper.xml 数据实体映射文件、TeamMapper.xml 数据实体映射文件和 PrizeMapper.xml 数据实体映射文件。

5. 开发模型实体模块

在工程中添加 Member.java、Team.java、Prize.java 类文件，Member 实体类映射关系数据表 t_member，Team 实体类映射关系数据表 t_team，Prize 实体类映射关系数据表 t_prize。相关类文件的编码如下：

Member.java：

```java
package com.ssm.demo.po;

public class Member {
    private String mid;
    private String name;
    private short age;
    private String rank;
    private String teamId;
    public String getMid() {
        return mid;
    }
    public void setMid(String mid) {
        this.mid = mid;
    }
    public String getName() {
        return name;
    }
    public void setName(String name) {
        this.name = name;
    }
    public short getAge() {
        return age;
```

```
    }
    public void setAge(short age) {
        this.age = age;
    }
    public String getRank() {
        return rank;
    }
    public void setRank(String rank) {
        this.rank = rank;
    }
    public String getTeamId() {
        return teamId;
    }
    public void setTeamId(String teamId) {
        this.teamId = teamId;
    }
}
```

Team.java：

```
package com.ssm.demo.po;
import java.util.Date;

public class Team {
    private String tid;
    private String name;
    private Date setupTime;
    private String leaderId;
    //为满足于业务额外添加属性memberAmount
    private int memberAmount;
    public String getTid() {
        return tid;
    }
    public void setTid(String tid) {
        this.tid = tid;
    }
    public String getName() {
        return name;
```

```
    }
    public void setName(String name) {
        this.name = name;
    }
    public Date getSetupTime() {
        return setupTime;
    }
    public void setSetupTime(Date setupTime) {
        this.setupTime = setupTime;
    }
    public String getLeaderId() {
        return leaderId;
    }
    public void setLeaderId(String leaderId) {
        this.leaderId = leaderId;
    }
    public int getMemberAmount() {
        return memberAmount;
    }
    public void setMemberAmount(int memberAmount) {
        this.memberAmount = memberAmount;
    }
}
```

Prize.java：

```
package com.ssm.demo.po;
import java.util.Date;

public class Prize {
    private String pid;
    private String name;
    private String rank;
    private Date prizeTime;
    private String memberId;
    //为满足于业务额外添加属性prizeAmount
    private int prizeAmount;
    //为满足于业务额外添加属性tid
```

```
private String tid;
//为满足于业务额外添加属性teamName
private String teamName;
//为满足于业务额外添加属性mid
private String mid;
//为满足于业务额外添加属性memberName
private String memberName;
public String getPid() {
    return pid;
}
public void setPid(String pid) {
    this.pid = pid;
}
public String getName() {
    return name;
}
public void setName(String name) {
    this.name = name;
}
public String getRank() {
    return rank;
}
public void setRank(String rank) {
    this.rank = rank;
}
public Date getPrizeTime() {
    return prizeTime;
}
public void setPrizeTime(Date prizeTime) {
    this.prizeTime = prizeTime;
}
public String getMemberId() {
    return memberId;
}
public void setMemberId(String memberId) {
    this.memberId = memberId;
}
public int getPrizeAmount() {
```

```
        return prizeAmount;
    }
    public void setPrizeAmount(int prizeAmount) {
        this.prizeAmount = prizeAmount;
    }
    public String getTid() {
        return tid;
    }
    public void setTid(String tid) {
        this.tid = tid;
    }
    public String getTeamName() {
        return teamName;
    }
    public void setTeamName(String teamName) {
        this.teamName = teamName;
    }
    public String getMid() {
        return mid;
    }
    public void setMid(String mid) {
        this.mid = mid;
    }
    public String getMemberName() {
        return memberName;
    }
    public void setMemberName(String memberName) {
        this.memberName = memberName;
    }
}
```

6. 开发数据实体映射资源文件

在工程中添加数据表实体映射文件 MemberMapper.xml、TeamMapper.xml、PrizeMapper.xml，负责实现插入队员数据、检索赛队人员数量、检索每队获奖数量、检索队员获奖信息等 SQL 语句拼装。相关文件的编码如下：

MemberMapper.xml：

```xml
<?xml version="1.0" encoding="UTF-8" ?>
<!DOCTYPE mapper PUBLIC "-//mybatis.org//DTD Mapper 3.0//EN"
"http://mybatis.org/dtd/mybatis-3-mapper.dtd">
<mapper namespace="com.ssm.demo.mapper.MemberMapper">
    <insert id="insertMember" parameterType="com.ssm.demo.po.Member">
        insert into t_member(mid,name,age,rank,team_id)
    values(#{mid},#{name},#{age},#{rank},#{teamId})
    </insert>
</mapper>
```

TeamMapper.xml：

```xml
<?xml version="1.0" encoding="UTF-8" ?>
<!DOCTYPE mapper PUBLIC "-//mybatis.org//DTD Mapper 3.0//EN"
"http://mybatis.org/dtd/mybatis-3-mapper.dtd">
<mapper namespace="com.ssm.demo.mapper.TeamMapper">
    <select id="findMemberAmountOfTeam" resultType="com.ssm.demo.po.Team">
        select t.tid,t.name,count(*) as memberAmount,leader_id as leaderId
from t_member m,t_team t where m.team_id=t.tid group by t.tid
    </select>
</mapper>
```

PrizeMapper.xml：

```xml
<?xml version="1.0" encoding="UTF-8" ?>
<!DOCTYPE mapper PUBLIC "-//mybatis.org//DTD Mapper 3.0//EN"
"http://mybatis.org/dtd/mybatis-3-mapper.dtd">
<mapper namespace="com.ssm.demo.mapper.PrizeMapper">
    <select id="findPrizeAmountOfTeam"resultType="com.ssm.demo.po.Prize">
        select t.tid,t.name as teamName,count(*) as prizeAmount from
t_member m,t_team t,t_prize p where m.team_id=t.tid and
m.mid=p.member_id group by t.tid
    </select>
    <select id="findMemberPrizeInfo" resultType="com.ssm.demo.po.Prize">
        select m.mid as memberId,m.name as memberName,p.name,p.rank,t.name
as teamName from t_member m,t_team t,t_prize p where m.team_id=t.tid
and m.mid=p.member_id
    </select>
```

```
</mapper>
```

7. 开发 DAO 操作模块

本模块包含 DemoDAO.java 类文件，类中包含操作方法 insertMember、findMemberAmountOfTeam、findPrizeAmountOfTeam、findMemberPrizeInfo，分别对应对队员表插入数据、检索队员数量、检索每队获奖数量、检索队员获奖信息。

DemoDAO.java：

```java
package com.ssm.demo.dao;
import java.io.IOException;
import java.io.InputStream;
import java.util.List;
import org.apache.ibatis.io.Resources;
import org.apache.ibatis.session.SqlSession;
import org.apache.ibatis.session.SqlSessionFactory;
import org.apache.ibatis.session.SqlSessionFactoryBuilder;
import com.ssm.demo.po.Member;
import com.ssm.demo.po.Prize;
import com.ssm.demo.po.Team;

public class DemoDAO {
    InputStream ips ;
    SqlSessionFactory sqlSessionFactory ;
    public DemoDAO(){
        try {
            ips = Resources.getResourceAsStream("mybatis-config.xml");
            sqlSessionFactory = new SqlSessionFactoryBuilder().
        build(ips);
        } catch (IOException e) {
            e.printStackTrace();
        }
    }
    //对队员表插入数据
    public void insertMember(Member member) {
        SqlSession sqlSession = sqlSessionFactory.openSession();
        int rows = sqlSession.insert("com.ssm.demo.mapper.MemberMapper.
    insertMember", member);
```

```
        sqlSession.commit();
        sqlSession.close();
        System.out.println("往会员表插入了"+rows+"行数据！");
    }
    //检索出每队的人员数量
    public void findMemberAmountOfTeam() {
        SqlSession sqlSession = sqlSessionFactory.openSession();
        List<Team> list = sqlSession.selectList("com.ssm.demo.mapper.
    TeamMapper.findMemberAmountOfTeam");
        System.out.println("赛队ID" + "\t" + "赛队名称"+ "\t\t" +"赛队队员数量
" + "\t" +"赛队队长ID");
        for (int i = 0; i < list.size(); i++) {
            Team team = list.get(i);
            System.out.println(team.getTid() + "\t" + team.getName() + "\t"
        +team.getMemberAmount() + "\t\t" +team.getLeaderId());
        }
        sqlSession.close();
    }
    //检索出每队的获奖数量
    public void findPrizeAmountOfTeam() {
        SqlSession sqlSession = sqlSessionFactory.openSession();
        List<Prize> list = sqlSession.selectList("com.ssm.demo.mapper.
    PrizeMapper.findPrizeAmountOfTeam");
        System.out.println("赛队ID" + "\t" + "赛队名称"+ "\t\t" +"赛队获奖数量");
        for (int i = 0; i < list.size(); i++) {
            Prize prize = list.get(i);
            System.out.println(prize.getTid() + "\t" + prize.getTeamName()
+ "\t" +prize.getPrizeAmount());
        }
        sqlSession.close();
    }
    //检索获奖队员的具体获奖信息
    public void findMemberPrizeInfo() {
        SqlSession sqlSession = sqlSessionFactory.openSession();
        List<Prize> list = sqlSession.selectList("com.ssm.demo.mapper.
    PrizeMapper.findMemberPrizeInfo");
        System.out.println("队员ID" + "\t" + "队员名称" + "\t" + "获奖项目"+
"\t\t" + "获奖等级"+ "\t"+ "所属赛队");
        for (int i = 0; i < list.size(); i++) {
```

```
            Prize prize = list.get(i);
            System.out.println(prize.getMemberId() + "\t" + prize.getMem
    berName() + "\t" +prize.getName()+ "\t" +prize.getRank()+ "\t"
    +prize.getTeamName());
        }
        sqlSession.close();
}
public static void main(String[] args) {
    DemoDAO dao = new DemoDAO();

    System.out.println("-----------插入队员信息---------------");

    //往会员表插入第1条数据
    Member sunhuiyun = new Member();
    sunhuiyun.setMid("M1020");
    sunhuiyun.setName("孙惠云");
    short sunAge = (short)20;
    sunhuiyun.setAge(sunAge);
    sunhuiyun.setRank("二级");
    sunhuiyun.setTeamId("T002");
    dao.insertMember(sunhuiyun);
    //往会员表插入第2条数据
    Member zhaominfen = new Member();
    zhaominfen.setMid("M1021");
    zhaominfen.setName("赵敏芬");
    short zhaoAge = (short)19;
    zhaominfen.setAge(zhaoAge);
    zhaominfen.setRank("一级");
    zhaominfen.setTeamId("T004");
    dao.insertMember(zhaominfen);

    System.out.println("\n-----------参赛队的人员数量------------");

    dao.findMemberAmountOfTeam();

    System.out.println("\n-----------参赛队的获奖数量------------");

    dao.findPrizeAmountOfTeam();
```

```
    System.out.println("\n------------队员获奖信息---------------");

    dao.findMemberPrizeInfo();
    }
}
```

8. 工程项目集成测试

DemoDAO.java 类文件中提供了 main 方法，并对实体对象进行初始化构建以对相关
方法进行集成测试，最后程序的运行结果如图 5-7 所示，以实现相关的操作需求。

```
------------插入队员信息--------------------
往会员表插入了1行数据!
往会员表插入了1行数据!


------------参赛队的人员数量--------------
赛队ID     赛队名称          赛队队员数量        赛队队长ID
T001      机械工程代表队       4                M1006
T002      工商管理代表队       3                M1003
T003      电子信息代表队       3                M1008
T004      轻化工代表队        3                M1004


------------参赛队的获奖数量--------------
赛队ID     赛队名称          赛队获奖数量
T001      机械工程代表队       1
T002      工商管理代表队       2
T003      电子信息代表队       3
T004      轻化工代表队        1


------------队员获奖信息--------------------
队员ID     队员名称    获奖项目          获奖等级     所属赛队
M1005     刘青华     百歌颂中华大赛       二等奖      机械工程代表队
M1008     伍思红     数学建模设计        一等奖      电子信息代表队
M1003     李三明     电子商务运营设计      三等奖      工商管理代表队
M1002     张志平     工业互联网设计       一等奖      电子信息代表队
M1010     陈芬茹     国防知识进校园       三等奖      电子信息代表队
M1007     周东军     IT信息化设计        一等奖      工商管理代表队
M1004     黄秀红     大学生创业大赛       一等奖      轻化工代表队
```

图 5-7　项目的集成测试

第 6 章
MyBatis 框架高级应用

本章讨论 MyBatis 框架的高级操作应用，阐述 MyBatis 框架逆向工程的原理、逆向开发的实现方式及相关的资源配置，同时详述 MyBatis 框架在 Web 工程开发中如何融入 SpringMVC 框架，实现三层架构体系的 SSM 框架设计与编码开发的融合。

6.1　MyBatis 框架逆向工程

逆向工程是通过逆传统的方式来进行产品设计、开发的一种构建方式，广泛应用于各个领域。逆向工程的实施会涉及知识产权等方面的问题，在实际生产中要依据适用性原则适度使用，切不可滥用、乱用。尽管如此，逆向工程能在一定场景及一定范围内提高产品构建的效率，因而具有正面的研究价值及生命力。

6.1.1　MyBatis 逆向工程规则

在软件工程中逆向工程就是打破项目开发中从设计到编码的传统步骤，直接从现有的应用系统中来反向得到系统的设计方案、系统骨架实现以及各种开发资源，是一种从底层到顶层的应用构建方式。

MyBatis 作为一种 ORM 框架，其逆向工程与 Hibernate 框架非常类似，通过对 ORM 的反向技术把关系表及其相关的关系数据还原成数据实体类与业务对象之间的关系。通过 MyBatis 逆向工程能直接从关系数据库环境中得到数据实体 POJO 类、数据实体映射 xml 文件、关系数据表 DAO 基本操作方法 API 等资源。

MyBatis 与 Hibernate 框架不同之处：在 IDE 开发工具中，不能直接操作 MyBatis 逆向工程，需要开发者自己搭建一个专门用于逆向操作的工程项目，连接上关系数据库环境，配置好相关的逆向参数，如资源类型、路径等，然后通过特定的逆向工程 API 接口来生成相关实体类、映射文件、DAO 操作等资源实体。

MyBatis 逆向工程得到的 DAO 操作方法中，只能针对单数据表操作，如果要进行多表之间的连接操作还需要开发人员手动编写，尽管如此，它还是能够极大地提高编码开发的效率，省去众多基础性的重复编码。

在 MyBatis 官方平台中提供了对逆向工程操作的第三方依赖功能包，开发人员只需要手动下载后导入工程中，然后再另外编写一个应用程序入口 main 方法，即可实现相关逆向工程操作。

6.1.2　MyBatis 逆向工程操作整合

实施 MyBatis 框架逆向工程，首先要在官方平台中下载其专用 jar 文件，目前较主流的版本是 mybatis-generator-core-1.3.6.jar，大家可以根据实际需要选择对应的版本自行下载，同时因为逆向工程操作涉及数据库连接，所以还要导入对应关系库类型的驱动包。

1. 逆向资源参数配置

逆向操作将要生成的资源需要在 XML 文件中作统一配置，该文件可任意定义，只需要在程序入口中指明，让程序能够对其进行资源初始化。文件中包含众多的逆向操作标签节点与属性参数，可通过对相关参数的配置来实现对逆向工程操作的灵活控制。

逆向操作配置文件：

（1）<generatorConfiguration>标签：配置文件的根节点。所有配置信息均位于本标签内。

（2）<context>标签：配置逆向操作的资源生成策略信息。

①有 id 和 targetRuntime 属性；

②包含其他逆向操作策略子标签。

（3）targetRuntime 属性：逆向代码生成类型（四种类型）。

①MyBatis3Simple：最简单的逆向资源生成方式，不适用于动态查询；

②MyBatis3：早期的风格，灵活性较小，耦合度较高；

③MyBatis3DynamicSql：默认的逆向资源生成方式，支持动态查询；

④MyBatis3Kotlin：灵活的逆向资源生成方式，生成 Kotlin 代码。

（4）<javaModelGenerator>标签：配置 POJO 实体类相关信息。

①targetPackage 属性配置 POJO 类所在的模块包；

②targetProject 属性配置项目源码 src 的根目录；

③<property>子标签 enableSubPackages 属性配置是否把数据库名作为包的后缀；

④<property>子标签 trimStrings 属性配置是否清除前后的空格。

（5）<sqlMapGenerator>标签：配置实体类映射文件相关信息。

①targetPackage 属性配置 POJO 类所在的模块包；

②targetProject 属性配置项目源码 src 的根目录；

③<property>子标签 enableSubPackages 属性配置是否把数据库名作为包的后缀。

（6）<javaClientGenerator>标签：配置 DAO 操作接口相关信息。

①有 type、targetPackage、targetProject 属性；

②<property>子标签 enableSubPackages 属性配置是否把数据库名作为包的后缀。

（7）type 属性：DAO 接口逆向代码生成类型（三种类型）。

①MIXEDMAPPER：生成基于 XML 文件与注解混合形式的 Mapper 接口；

②ANNOTATEDMAPPER：生成基于 Java 注解的 Mapper 接口；

③XMLMAPPER：生成基于 XML 文件的 Mapper 接口。

（8）<table>标签：配置关系数据表相关信息。

①schema 属性配置关系表所在数据库，默认为当前连接的数据库；

②tableName 属性配置关系数据表名称；

③domainObjectName 属性配置实体类名称；

④一个<table>标签对应一个关系数据表；

⑤可以根据实际情况配置多个<table>标签。

（9）<commentGenerator>标签：配置操作方法上是否生成注释。

①默认为相关操作方法生成注释；

②<property>子标签中配置 suppressAllComments 属性为 true 时可去除注释。

（10）<jdbcConnection>标签：配置关系数据库连接的相关信息。

①driverClass：数据库驱动；

②connectionURL：数据库 URL；

③userId：数据库登录账户；

④password：数据库密码。

在以下的逆向操作配置文件 reverse.xml 中，通过<jdbcConnection>标签声明了关系数据库的基本连接信息，通过<table>标签声明了参与逆向操作的关系数据表为 pay_detail、user_order，通过<javaModelGenerator>标签声明了 POJO 实体类信息，通过<sqlMapGenerator>标签声明了实体映射文件信息，通过<javaClientGenerator>标签声明了 DAO 接口信息。

reverse.xml：

```xml
<?xml version="1.0" encoding="UTF-8"?>
<!DOCTYPE generatorConfiguration PUBLIC
    "-//mybatis.org//DTD MyBatis Generator Configuration 1.0//EN"
    "http://mybatis.org/dtd/mybatis-generator-config_1_0.dtd">

<generatorConfiguration>
    <context id="mybatis_reverse" targetRuntime="MyBatis3">
        <jdbcConnection driverClass="com.mysql.jdbc.Driver"
            connectionURL="jdbc:mysql://127.0.0.1:3306/reverse_orm"
            userId="root"
            password="root">
        </jdbcConnection>

        <javaModelGenerator targetPackage="com.ssm.orm.pojo"targetProject
=".\src">
            <property name="enableSubPackages" value="false" />
            <property name="trimStrings" value="true" />
        </javaModelGenerator>

        <sqlMapGenerator targetPackage="com.ssm.orm.mapper"targetProject
=".\src">
            <property name="enableSubPackages" value="false" />
        </sqlMapGenerator>

        <javaClientGenerator type="XMLMAPPER" targetPackage="com.ssm.
orm.dao" targetProject=".\src">
```

```
            <property name="enableSubPackages" value="false" />
        </javaClientGenerator>

        <table tableName="pay_detail" domainObjectName="PayDetail" >
        </table>
            <table tableName="user_order" domainObjectName="UserOrder" >
        </table>
        </context>
</generatorConfiguration>
```

2. 逆向操作类编写

逆向操作类即逆向工程操作的入口类，本类主要依赖于 mybatis-generator-core-1.3.6.jar 文件中提供相关工具类来实现逆向操作的功能。首先构建一个配置解释器实例对象 ConfigurationParser，然后再以此对象为基础构建一个配置对象 Configuration，同时要构建一个 shell 回调对象 DefaultShellCallback，其后以 Configuration 对象以及 Default ShellCallback 对象为基础再构建 MyBatis 的逆向生成器实例对象 MyBatisGenerator，最后直接调用实例中的 generate 函数，即可生成对应的逆向操作资源。特别注意，在 IDE 集成开发工具中，执行完以上操作步骤后需刷新整个项目工程才能看到所生成的资源，如果重新进行逆向工程操作，需删除前面操作中已经生成的相关资源。逆向操作类的编码实现参考 ReverseGenerator.java 类文件。

ReverseGenerator.java：

```
package com.ssm.reverse;
import java.io.File;
import java.util.ArrayList;
import java.util.List;
import org.mybatis.generator.api.MyBatisGenerator;
import org.mybatis.generator.config.Configuration;
import org.mybatis.generator.config.xml.ConfigurationParser;
import org.mybatis.generator.internal.DefaultShellCallback;

public class ReverseGenerator {
    public static void main(String[] args) {
        new ReverseGenerator().reverseStart();
        System.out.println("---Finished---");
```

```
    }

    public void reverseStart() {
        try {
            List list = new ArrayList();
            File file = new File("./src/reverse.xml");
            ConfigurationParser parser = new ConfigurationParser(list);
            Configuration conf = parser.parseConfiguration(file);
            DefaultShellCallback dsc = new DefaultShellCallback(true);
            new MyBatisGenerator(conf, dsc, list).generate(null);
        } catch (Exception e) {
            e.printStackTrace();
        }
    }
}
```

6.2 MyBatis 整合 SpringMVC 框架

MyBatis 为 ORM 持久化层的框架，SpringMVC 为 Web 应用控制层的框架，两者在 Web 分层架构体系中所承担的职责与功能各不相同。作为职责分明的两个应用框架，两者具有完全的独立性，可以独自发生作用，应用到独立的模块。作为 Web 信息系统当中的相关组成部分，两者又相互关联，存在一定的耦合性，联合构建出多层体系的应用系统。

6.2.1 整合操作基础配置

MyBatis 与 SpringMVC 框架的整合方式有基于注解与基于 XML 文件两种方式，目前来说，开发领域中以基于 XML 文件配置的方式为主流，其通过把 MyBatis 中的配置信息融合入 SpringMVC 框架中，并添加额外的第三方整合依赖包，从而达到合二为一的目的。

在 MyBatis 与 SpringMVC 的整合操作中，首先要准备好整合依赖 jar 文件 mybatis-spring-×.×.×.jar，目前较新的版本有 mybatis-spring-2.0.6.jar，开发人员根据实际需求自行选择合适的版本下载。

利用 IDE 集成开发工具搭建 Web 工程，在工程中除加入整合包 mybatis-spring-×.×.×.jar 外，还要加入 MyBatis 框架核心 jar 文件以及 SpringMVC 框架的相关 jar 文件，最后添加关系数据库驱动 jar 文件、数据源及连接池等 jar 文件。

添加整合依赖第三方包：

（1）mybatis-spring-×.×.×.jar；

（2）MyBatis 核心 jar 文件；

（3）SpringMVC 相关 jar 文件；

（4）数据库连接相关 jar 文件。

6.2.2　MyBatis 框架整合配置

在整合操作中要把 MyBatis 框架配置文件上的关系数据库参数信息全部移植到 SpringMVC 框架的配置文件上，在 mybatis-config.xml 文件中只能保留数据实体类的 Mapper 映射文件信息。

MyBatis 配置文件（mybatis-config.xml）：把数据库连接参数信息迁移到外部，只保留<mappers>标签的 POJO 类映射文件信息。

以下 mybatis-config.xml 文件<environment>标签中的数据库连接信息已全部去除，只保留了<mappers>标签中数据实体映射文件的声明信息。

mybatis-config.xml：

```xml
<?xml version="1.0" encoding="UTF-8" ?>
<!DOCTYPE configuration PUBLIC "-//mybatis.org//DTD Config 3.0//EN"
"http://mybatis.org/dtd/mybatis-3-config.dtd">
<configuration>
    <mappers>
        <mapper resource="com/orm/mapper/ReceiveMapper.xml" />
        <mapper resource="com/orm/mapper/SendMapper.xml" />
        <mapper resource="com/orm/mapper/PersonMapper.xml" />
        <mapper resource="com/orm/mapper/OrderMapper.xml" />
    </mappers>
</configuration>
```

6.2.3　SpringMVC 框架整合配置

SpringMVC 框架整合配置包括三大方面，分别是关系数据源、关系数据库连接工厂、关系数据库连接实例，此三大方面以 Bean 实例的形式在 IoC 容器中声明，并受 IoC 容器的管理。

1. 数据源实例配置

MyBatis 配置文件中去除了关系数据库连接信息后，需要在 SpringMVC 配置文件 applicationContext.xml 中添加相应信息。在此以数据源 DriverManagerDataSource 实例的形式来进行配置，具体参考以下的数据源实例配置方式。

数据源实例配置：

```
<bean id="orm_ds"
    class="org.springframework.jdbc.datasource.DriverManagerDataSource">
    <property name="driverClassName" value="com.mysql.jdbc.Driver" />
    <property name="url" value="jdbc:mysql://127.0.0.1:3306/demo?useUnicode
=true&amp;characterEncoding=UTF-8" />
    <property name="username" value="root" />
    <property name="password" value="root" />
</bean>
```

2. 连接工厂实例配置

在 SpringMVC 配置文件中，除了基本关系数据库连接信息外还需要配置连接工厂 SqlSessionFactoryBean 实例（SqlSessionFactoryBean 为 SqlSessionFactory 接口实现类），包括 MyBatis 框架配置文件路径的声明以及对关系数据源的引用，可参考以下的连接工厂实例配置方式。

连接工厂实例配置：

```
<bean id="sessFactory" class="org.mybatis.spring.SqlSessionFactoryBean">
    <property name="configLocation" value="classpath:mybatis-config.xml" />
    <property name="dataSource" ref="orm_ds" />
</bean>
```

3. 连接实例配置

在 SpringMVC 配置文件中，最终还需要配置关系数据库连接 SqlSessionTemplate 实例（SqlSessionTemplate 为 SqlSession 接口实现类），包括声明数据库连接实例管理方式 singleton、prototype，以及对连接工厂实例的引用，可参考以下的关系数据库连接实例配置方式。

数据库连接实例配置：

```
<bean id="sqlSess" class="org.mybatis.spring.SqlSessionTemplate"
    scope="prototype">
    <constructor-arg ref="sessFactory " />
</bean>
```

6.2.4　DAO 操作类整合配置

最后在 DAO 关系数据表操作类中直接引入配置好的连接实例 SqlSessionTemplate，特别注意以此种方式使用连接实例即为 Spring 的 IoC 容器自动管理 Bean 实例，不能以手动方式关闭连接实例，而是由容器回收空闲连接到连接池中以供下一个请求继续使用，也不能手动提交事务，由容器进行自动事务管理。

在 DAO 操作类中引入连接实例：

（1）通过注解引入 SqlSessionTemplate 实例；

（2）不能手动关闭连接实例；

（3）不能手动提交事务。

在以下的 PayDetailDAO.java 类文件中，通过在 sqlSess 属性上标注@Resource 注解，直接注入 SqlSessionTemplate 数据库连接实例，在本类中的其他业务方法（insertPay、updatePay、deletePay）中均可直接使用本连接实例 sqlSess。

PayDetailDAO.java：

```
package com.orm.dao;
import javax.annotation.Resource;
import org.mybatis.spring.SqlSessionTemplate;
import org.springframework.stereotype.Repository;

@Repository
public class PayDetailDAO {

    @Resource
    private SqlSessionTemplate sqlSess;


    public Object queryPay() {
```

```
        // queryPay业务操作
    }

    public int insertPay() {
        //insertPay业务操作
    }

    public int updatePay() {
        //updatePay业务操作
    }

    public int deletePay() {
        //deletePay业务操作
    }
}
```

6.3　应用项目开发

SpringMVC 与 MyBatis 框架是 Web 信息系统开发中常用的组合框架,基于两者的独立性, 在系统分层架构体系应用中, 需要对两者进行重新整合, 使两者在不同的应用业务层中能畅通交互, 以保证业务的正确性与完整性。

6.3.1　模块功能描述

在一个学生成绩管理模块中,用 SpringMVC+MyBatis 框架组合实现学生成绩录入功能以及对学生成绩的检索功能。由 SpringMVC 担当业务控制器职责, MyBatis 担当 DAO 持久化职责, 实现前后端的动态交互。关系数据库环境:

学生成绩关系表(Student_Score):

ID: id int(10) Primark Key;

学生姓名: student_name varchar(45);

课程名称: course_name varchar(45);

课程分数: course_score int(10);

录入时间: register_time datetime。

6.3.2　模块编码开发

应用项目开发过程包括数据库环境的创建及开发，Web 工程搭建，SpringMVC 及 MyBatis 框架的整合，业务控制器类、业务模型类、DAO 数据库操作类开发，IoC 容器配置文件编码，前端视图页面开发，测试验证等。

1. 数据库表环境创建

按相关表结构，通过 stu.sql 脚本在 MySQL 数据库服务器中创建 Student_Score 数据表，并往表中插入若干条数据，创建成功后的 Student_Score 数据表如图 6-1 所示。

stu.sql：

```
CREATE DATABASE IF NOT EXISTS stu;
USE stu;

DROP TABLE IF EXISTS student_score;
CREATE TABLE student_score (
 id int(10) unsigned NOT NULL auto_increment,
 student_name varchar(45) NOT NULL,
 course_name varchar(45) NOT NULL,
 course_score int(10) unsigned NOT NULL,
 register_time datetime NOT NULL,
 PRIMARY KEY (id)
) ENGINE=InnoDB AUTO_INCREMENT=11 DEFAULT CHARSET=utf8;

INSERT INTO student_score (id,student_name,course_name,course_score,
register_time) VALUES

(1,'李小芸','高等数学',85,'2022-02-09 10:30:00'),
(2,'赵丽芬','大学语文',75,'2022-02-09 10:30:00'),
(3,'黄艳红','大学物理',70,'2022-02-09 10:30:00'),
(4,'徐永华','影视鉴赏',65,'2022-02-09 10:30:00'),
(5,'张志赋','大学语文',80,'2022-02-09 10:30:00'),
(6,'刘明辉','大学物理',50,'2022-02-09 10:30:00'),
(7,'冯军田','高等数学',70,'2022-02-09 10:30:00'),
(8,'何丽丽','影视鉴赏',80,'2022-02-09 10:30:00'),
(9,'杨新华','高等数学',45,'2022-02-09 10:30:00'),
(10,'陈柏清','思想道德修养',75,'2022-02-09 10:30:00');
```

```
1 SELECT * FROM student_score s;
```

id	student_name	course_name	course_score	register_time
1	李小芸	高等数学	85	2022-02-09 10:30:00
2	赵丽芬	大学语文	75	2022-02-09 10:30:00
3	黄艳红	大学物理	70	2022-02-09 10:30:00
4	徐永华	影视鉴赏	65	2022-02-09 10:30:00
5	张志斌	大学语文	80	2022-02-09 10:30:00
6	刘明辉	大学物理	50	2022-02-09 10:30:00
7	冯军田	高等数学	70	2022-02-09 10:30:00
8	何丽丽	影视鉴赏	80	2022-02-09 10:30:00
9	杨新华	高等数学	45	2022-02-09 10:30:00
10	陈柏青	思想道德修养	75	2022-02-09 10:30:00

图 6-1　Student_Score 关系数据表

2. 导入 Web 工程依赖 jar 文件

使用 IDE 集成开发工具搭建 Web 工程，导入 SpringMVC 框架、MyBatis 框架各自核心包以及整合操作所需要的 jar 文件，如图 6-2 所示。

图 6-2　Web 工程所依赖的 jar 文件

3. 构建工程模块包

Web 工程中包含 4 个模块包：web、po、mapper、dao，在每个模块包下创建相应的业务类文件，如图 6-3 所示。

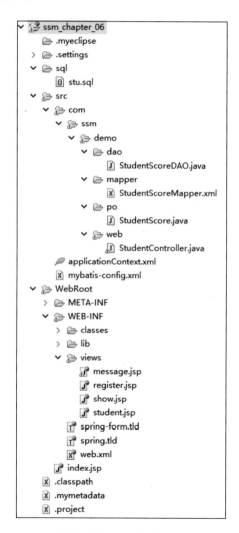

图 6-3　Web 项目工程结构

（1）模块包 com.ssm.demo.web，为 Web 工程业务控制器模块，包含 StudentController 控制器类文件。

（2）模块包 com.ssm.demo.dao，为 Web 工程业务 DAO 操作模块，包含 StudentScore

DAO 数据表操作类文件。

（3）模块包 com.ssm.demo.po，为 Web 工程数据实体模块，包含 StudentScore 表实体类文件。

（4）模块包 com.ssm.demo.mapper，为 Web 工程 Mapper 文件目录，包含 Student ScoreMapper.xml 实体映射文件。

4. 开发模型实体模块

在工程中添加 StudentScore.java 类文件、StudentScore 实体类映射关系数据表 Student_Score。类文件的编码如下：

StudentScore.java：

```java
package com.ssm.demo.po;
import java.sql.Timestamp;

public class StudentScore {
    private int id;
    private String studentName;
    private String courseName;
    private int courseScore;
    private Timestamp registerTime;
    public int getId() {
        return id;
    }
    public void setId(int id) {
        this.id = id;
    }
    public String getStudentName() {
        return studentName;
    }
    public void setStudentName(String studentName) {
        this.studentName = studentName;
    }
    public String getCourseName() {
        return courseName;
    }
    public void setCourseName(String courseName) {
```

```
        this.courseName = courseName;
    }
    public int getCourseScore() {
        return courseScore;
    }
    public void setCourseScore(int courseScore) {
        this.courseScore = courseScore;
    }
    public Timestamp getRegisterTime() {
        return registerTime;
    }
    public void setRegisterTime(Timestamp registerTime) {
        this.registerTime = registerTime;
    }
}
```

5. 开发控制器模块

在工程中添加用户业务控制器组件类文件 StudentController.java，在本类中由 registerScore 方法负责处理录入学生课程成绩，由 findScoreAll 方法负责处理检索全部学生课程成绩，以及其他视图页面跳转方法。控制器类文件的编码如下：

StudentController.java：

```
package com.ssm.demo.web;
import java.sql.Timestamp;
import java.util.Date;
import java.util.List;
import javax.annotation.Resource;
import javax.servlet.http.HttpServletRequest;
import javax.servlet.http.HttpSession;
import org.springframework.stereotype.Controller;
import org.springframework.web.bind.annotation.RequestMapping;
import com.ssm.demo.dao.StudentScoreDAO;
import com.ssm.demo.po.StudentScore;

@Controller
public class StudentController {
    @Resource
    private StudentScoreDAO dao;
```

```java
@RequestMapping("index")
public String studentPage(){
    return "student";

}
@RequestMapping("register_page")
public String registerPage(){
    return "register";

}
@RequestMapping("query")
public String findScoreAll(HttpServletRequest request){
    List<StudentScore> studentScoreAll = dao.findAllData();
    HttpSession session = request.getSession();
    session.setAttribute("studentScoreAll", studentScoreAll);
    return "show";

}
@RequestMapping("register")
public String registerScore(HttpServletRequest request){
    int rows = 0;
    try {
        request.setCharacterEncoding("UTF-8");
        String studentName = request.getParameter("student_name");
        String courseName = request.getParameter("course_name");
        String courseScoreStr = request.getParameter("course_score");
        int courseScore = Integer.parseInt(courseScoreStr);
        Date now = new Date();
        Timestamp registerTime = new Timestamp(now.getTime());
        StudentScore ss = new StudentScore();
        ss.setStudentName(studentName);
        ss.setCourseName(courseName);
        ss.setCourseScore(courseScore);
        ss.setRegisterTime(registerTime);
        rows = dao.insertData(ss);
    } catch (Exception e) {
        e.printStackTrace();
    }
    HttpSession session = request.getSession();
    if (rows>=1) {
        session.setAttribute("message", "成绩录入成功！");
    }
```

```
    else{
        session.setAttribute("message", "成绩录入失败！");
    }
    return "message";
    }
}
```

6. 开发 DAO 操作模块

本模块包含 StudentScoreDAO.java 类文件，类中包含操作方法 findAllData、insertData，实现从关系表中检索全部成绩数据以及往关系表中录入成绩数据。类文件的编码如下：

StudentScoreDAO.java：

```
package com.ssm.demo.dao;
import java.util.List;
import javax.annotation.Resource;
import org.mybatis.spring.SqlSessionTemplate;
import org.springframework.stereotype.Repository;
import com.ssm.demo.po.StudentScore;

@Repository
public class StudentScoreDAO {
    @Resource
    private SqlSessionTemplate sqlSess;
    public List<StudentScore> findAllData() {
        List<StudentScore> studentScoreAll = sqlSess.selectList("com.ssm.
    demo.mapper.StudentScoreMapper.findAll");
        return studentScoreAll;
    }
    public int insertData(StudentScore studentScore) {
        int rows = sqlSess.insert("com.ssm.demo.mapper.StudentScoreMapper.
    insertStudentScore", studentScore);
        return rows;
    }
}
```

7. 开发 Mapper 映射文件

本模块中只包含 StudentScoreMapper.xml 映射文件，文件中有<select>和<insert>两个 SQL 操作：实现对 Student_Score 表的检索和插入操作的动态 SQL 拼装。映射文件的编码如下：

StudentScoreMapper.xml：

```xml
<?xml version="1.0" encoding="UTF-8" ?>
<!DOCTYPE mapper PUBLIC "-//mybatis.org//DTD Mapper 3.0//EN"
"http://mybatis.org/dtd/mybatis-3-mapper.dtd">
<mapper namespace="com.ssm.demo.mapper.StudentScoreMapper">
    <select id="findAll" resultType="com.ssm.demo.po.StudentScore">
        select id as id,student_name as studentName,course_name as
    courseName,course_score as courseScore,register_time as registerTime
    from student_score
    </select>

    <insert id="insertStudentScore" parameterType="com.ssm.demo.po.
    StudentScore" useGeneratedKeys="true" keyProperty="id">
        insert into student_score(student_name,course_name,course_score,
    register_time)
values(#{studentName},#{courseName},#{courseScore},#{registerTime})
    </insert>
</mapper>
```

8. 前端视图页面开发

前端视图页面在"WEB-INF/views"路径下，包括模块中的首页视图 student.jsp、成绩录入视图 register.jsp、成绩检索视图 show.jsp、操作提示视图 message.jsp，该路径下的所有视图页面不能直接访问，需经过 SpringMVC 流程的跳转才能到达目标视图资源。相关视图页面的编码如下：

student.jsp：

```jsp
<%@ page language="java" import="java.util.*" pageEncoding="UTF-8"%>
<!DOCTYPE HTML PUBLIC "-//W3C//DTD HTML 4.01 Transitional//EN">
<html>
  <head>
```

```
    <title>成绩管理</title>
  </head>
  <body>
   <center>
   <h3>学生成绩管理</h3>
   <a href="register_page"><font size="2" color="gray">录入成绩</font></a>
    <a href="query"><font size="2" color="gray">查询成绩</font></a>
   </center>
  </body>
</html>
register.jsp:
<%@ page language="java" import="java.util.*" pageEncoding="UTF-8"%>
<!DOCTYPE HTML PUBLIC "-//W3C//DTD HTML 4.01 Transitional//EN">
<html>
  <head>
    <title>成绩录入</title>
  </head>
  <body>
   <center>
   <h2>学生成绩录入</h2>
   <form action="register" method="post">
       <table>
       <tr><td>姓名: </td><td><input type="text" name=
   "student_name"></td></tr>
       <tr><td>课程: </td><td><input type="text" name=
   "course_name"></td></tr>
       <tr><td>成绩: </td><td><input type="text" name=
   "course_score"></td></tr>
       <tr align="center"><td colspan="2"><input type="submit" value="提
   交 "></td></tr>
       </table>
   </form>
   </center>
  </body>
</html>
```

message.jsp：

```
<%@ page language="java" contentType="text/html; charset=UTF-8"
```

```
pageEncoding="UTF-8"%>
<%@ taglib prefix="c" uri="http://java.sun.com/jsp/jstl/core"%>
<!DOCTYPE html PUBLIC "-//W3C//DTD HTML 4.01 Transitional//EN"
"http://www.w3.org/TR/html4/loose.dtd">
<html>
  <head>
    <title>Message</title>
  </head>
  <body>
    <center>
    <p><h3>${message}</h3></p>
    <a href="index"><font size="1" color="gray">返回</font></a>
    </center>
  </body>
</html>
```

show.jsp：

```
<%@ page language="java" contentType="text/html; charset=UTF-8"
pageEncoding="UTF-8"%>
<%@ taglib prefix="c" uri="http://java.sun.com/jsp/jstl/core"%>
<!DOCTYPE html PUBLIC "-//W3C//DTD HTML 4.01 Transitional//EN"
"http://www.w3.org/TR/html4/loose.dtd">
<html>
    <head>
        <title>成绩展示</title>
    </head>
    <body>
        <center>
        <h3>学生课程成绩</h3>
        <table border="2">
            <tr align="center">
                <td>序号</td>
                <td>姓名</td>
                <td>课程</td>
                <td>成绩</td>
                <td>录入时间</td>
            </tr>
            <c:forEach items="${studentScoreAll}" var="ssa" varStatus=
```

```
    "varSta">
          <tr align="center">
               <td>${varSta.count}</td>
               <td>${ssa.studentName}</td>
               <td>${ssa.courseName}</td>
               <td>${ssa.courseScore}</td>
               <td>${ssa.registerTime}</td>
          </tr>
     </c:forEach>
    </table>
    </center>
   </body>
</html>
```

9. MyBatis 框架配置

MyBatis框架配置文件mybatis-config.xml，只声明实体映射文件StudentScoreMapper.
xml 的位置，其他的数据连接信息全部迁移到 SpringMVC 的配置文件上，具体配置如下：

mybatis-config.xml：

```
<?xml version="1.0" encoding="UTF-8" ?>
<!DOCTYPE configuration PUBLIC "-//mybatis.org//DTD Config 3.0//EN"
"http://mybatis.org/dtd/mybatis-3-config.dtd">
<configuration>
    <mappers>
        <mapper resource="com/ssm/demo/mapper/StudentScoreMapper.xml" />
    </mappers>
</configuration>
```

10. SpringMVC 框架配置

SpringMVC 框架配置文件 applicationContext.xml，主要配置 JSP 的视图解释器、数
据源、连接工厂实例、SQL 操作连接实例等信息，相关配置如下：

applicationContext.xml：

```
<?xml version="1.0" encoding="UTF-8"?>
<beans xmlns="http://www.springframework.org/schema/beans"
    xmlns:context="http://www.springframework.org/schema/context"
```

```xml
    xmlns:mvc="http://www.springframework.org/schema/mvc"
    xmlns:xsi="http://www.w3.org/2001/XMLSchema-instance"
    xsi:schemaLocation="http://www.springframework.org/schema/beans
        http://www.springframework.org/schema/beans/spring-beans-3.0.xsd
        http://www.springframework.org/schema/context
        http://www.springframework.org/schema/context/spring-context-3.0.xsd
        http://www.springframework.org/schema/mvc
        http://www.springframework.org/schema/mvc/spring-mvc-3.0.xsd">

    <mvc:annotation-driven />
    <context:component-scan base-package="com.ssm.demo" />

    <bean
        class="org.springframework.web.servlet.view.InternalResourceVi
ewResolver">
        <property name="prefix" value="/WEB-INF/views/" />
        <property name="suffix" value=".jsp" />
    </bean>

    <bean id="stu_ds"
        class="org.springframework.jdbc.datasource.DriverManagerDataSource">
        <property name="driverClassName" value="com.mysql.jdbc.Driver"/>
        <property name="url" value="jdbc:mysql://127.0.0.1:3306/stu?
        useUnicode=true&amp;characterEncoding=UTF-8" />
        <property name="username" value="root" />
        <property name="password" value="root" />
    </bean>

    <bean id="sessFactory" class="org.mybatis.spring.SqlSessionFactoryBean">
        <property name="configLocation" value="classpath:mybatis-config.xml" />
        <property name="dataSource" ref="stu_ds" />
    </bean>

    <bean id="sqlSess" class="org.mybatis.spring.SqlSessionTemplate"
scope="prototype">
        <constructor-arg ref="sessFactory" />
    </bean>

</beans>
```

11. 配置工程映射文件

工程映射文件 web.xml 中主要配置 SpringMVC 框架的 IoC 容器环境参数，指明 applicationContext.xml 文件的位置，另外声明 SpringMVC 的请求匹配方式以及一级控制器的担当组件 DispatcherServlet。工程映射文件的配置如下：

web.xml：

```xml
<?xml version="1.0" encoding="UTF-8"?>
<web-app version="2.5"
    xmlns="http://java.sun.com/xml/ns/javaee"
    xmlns:xsi="http://www.w3.org/2001/XMLSchema-instance"
    xsi:schemaLocation="http://java.sun.com/xml/ns/javaee
    http://java.sun.com/xml/ns/javaee/web-app_2_5.xsd">
    <servlet>
        <servlet-name>springmvc</servlet-name>
        <servlet-class>org.springframework.web.servlet.DispatcherServlet
</servlet-class>
        <init-param>
            <param-name>contextConfigLocation</param-name>
            <param-value>/WEB-INF/classes/applicationContext.xml
</param-value>
        </init-param>
        <load-on-startup>1</load-on-startup>
    </servlet>
    <servlet-mapping>
        <servlet-name>springmvc</servlet-name>
        <url-pattern>/</url-pattern>
    </servlet-mapping>
</web-app>
```

12. Web 工程集成部署

Web 工程按以上步骤开发完毕后部署到 Tomcat 服务器上，启动中间件完毕后，在浏览器的地址栏输入 "http://127.0.0.1:8080/ssm_chapter_06/index" 即可看到如图 6-4 所示的登录视图页面，该视图是经过 StudentController 控制器类中 studentPage 方法的流程跳转而来的。

图 6-4　系统首页视图

在该视图下，选择"录入成绩"项后将跳转到成绩录入视图页面，如图 6-5 所示，在图中输入合法数据并提交后，数据会写入 Student_Score 关系表，如图 6-6 所示，最终系统会提示操作结果成功或失败，如图 6-7 所示。

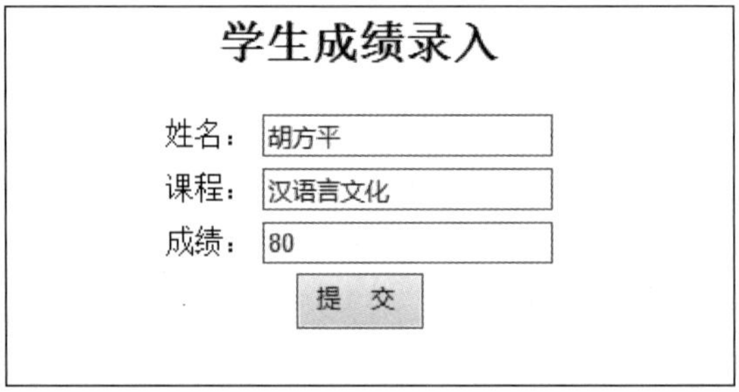

图 6-5　成绩录入视图

```
1 SELECT * FROM student_score s;
```

id	student_name	course_name	course_score	register_time
1	李小芸	高等数学	85	2022-02-09 10:30:00
2	赵丽芬	大学语文	75	2022-02-09 10:30:00
3	黄艳红	大学物理	70	2022-02-09 10:30:00
4	徐永华	影视鉴赏	65	2022-02-09 10:30:00
5	张志斌	大学语文	80	2022-02-09 10:30:00
6	刘明辉	大学物理	50	2022-02-09 10:30:00
7	冯军田	高等数学	70	2022-02-09 10:30:00
8	何丽丽	影视鉴赏	80	2022-02-09 10:30:00
9	杨新华	高等数学	45	2022-02-09 10:30:00
10	陈柏清	思想道德修养	75	2022-02-09 10:30:00
11	胡方平	汉语言文化	80	2022-02-10 23:16:53

图 6-6　成绩数据写入关系表

成绩录入成功！

返回

图 6-7 操作提示视图

在模块的首页，选择"查询成绩"项后将从 Student_Score 关系数据表中检索出全部数据，并把数据展现在相应的视图页面，如图 6-8 所示。

学生课程成绩

序号	姓名	课程	成绩	录入时间
1	李小芸	高等数学	85	2022-02-09 10:30:00.0
2	赵丽芬	大学语文	75	2022-02-09 10:30:00.0
3	黄艳红	大学物理	70	2022-02-09 10:30:00.0
4	徐永华	影视鉴赏	65	2022-02-09 10:30:00.0
5	张志赋	大学语文	80	2022-02-09 10:30:00.0
6	刘明辉	大学物理	50	2022-02-09 10:30:00.0
7	冯军田	高等数学	70	2022-02-09 10:30:00.0
8	何丽丽	影视鉴赏	80	2022-02-09 10:30:00.0
9	杨新华	高等数学	45	2022-02-09 10:30:00.0
10	陈柏清	思想道德修养	75	2022-02-09 10:30:00.0
11	胡方平	汉语言文化	80	2022-02-10 23:16:53.0

图 6-8 成绩展现视图

第7章
SSM 敏捷框架综合应用开发

本章将以 SSM 框架组合开发的方式,论述敏捷开发框架在实际编码开发中的综合应用、阐述 Spring 框架的角色担当的技术实现细节,以及 SpringMVC 模块的个性配置,同时讨论 MyBatis 持久化框架在 Web 工程 DAO 层中的灵活性及相关编码实现细节,最后详述应用系统中各模块的编码实现过程。

7.1 SSM 项目环境构建与整合

SSM（Spring+SpringMVC+MyBatis）是当下 Java EE 开发领域的一个非常优秀的组合框架,其通过 Web 应用系统进行分层架构,实现各司其职,不同模块子服务之间内聚性强、耦合度低,应用系统的可伸缩性强,有利于项目工程的后继维护与管理,有利于模块功能的复用,有利于提升编码开发的效率。

本章将以一个在线课程考勤管理系统的设计与编码开发为例,以 SpringMVC 和 MyBatis 敏捷框架为核心,详述以 SSM 为基础的 Web 信息系统的构建,控制层、业务层、持久化层的编码开发,以及 SSM 三大框架的整合实现。

7.1.1 数据实体设计与开发

在线课程考勤管理系统包含普通用户与管理员两种类型账户,普通用户即为学生用户,管理员用户即为教师用户。学生用户可以在系统中进行在线课程考勤以及查看自己的课程考勤信息;教师用户可以系统中发布课程考勤,同时可以查看本人所授课程的相关学生考勤信息。

在关系数据库设计方案上，我们要考虑 5 个数据关系实体，分别是：用户实体、课程实体、用户选课实体、课程考勤发布实体、课程考勤记录实体。其中用户选课实体为用户实体与课程实体的桥接业务实体，记录学生的课程学习信息。

数据实体的功能与设计：

（1）用户实体（USER）：记录系统用户的账户、密码、角色等基本信息。

用户登录账户：UID VARCHAR（45）PRIMARY KEY；

用户名称：NAME VARCHAR（45）；

用户登录密码：PWD VARCHAR（45）；

用户所属系：COLLEGE VARCHAR（45）；

用户账户角色：ROLE ENUM('stu','tea')；

用户账户状态：STATUS ENUM('OK','NO')。

（2）课程实体（COURSE）：记录课程的名称、学分、授课教师等基本信息。

课程 ID：CID VARCHAR（45）PRIMARY KEY；

课程名称：NAME VARCHAR（45）；

课程学分：CREDIT SAMLLINT；

授课教师：TEACHER_ID VARCHAR（45）；

课程类型：TYPE ENUM('major','minor')。

（3）用户选课实体（STUDENT_COURSE）：桥接实体，记录学生的选课业务信息。

实体 ID：ID　INT　PRIMARY KEY　AUTO_INCREMENT；

选课学生：STUDENT_ID VARCHAR（45）；

所选课程：COURSE_ID VARCHAR（45）；

所属年份：BELONG_YEAR VARCHAR（45）。

（4）课程考勤发布实体（ATTENDANCE_PUBLISH）：记录教师所发布的课程考勤信息。

实体 ID：ID　INT　PRIMARY KEY　AUTO_INCREMENT；

所发布课程：COURSE_ID VARCHAR（45）；

发布时间：TIME DATETIME；

状态：STATUS ENUM('OK','NO')。

（5）考勤记录实体（ATTENDANCE_DETAIL）：记录相关课程学生的考勤签到信息。

实例 ID：ID　INT　PRIMARY KEY　AUTO_INCREMENT；

签到学生：UID VARCHAR（45）；

签到时间：SIGN_TIME DATETIME；

签到课程：COUSE_ID VARCHAR（45）；

考勤状态：STATUS SAMLLINT。

根据数据实体的设计方案，开发出相关的数据库运维与实施脚本 attendance.sql，直接在关系数据环境创建相关的数据表，最终得到如图 7-1、图 7-2、图 7-3、图 7-4、图 7-5 所示的相关业务数据表。

attendance.sql：

```
CREATE DATABASE IF NOT EXISTS attendance;
USE attendance;

DROP TABLE IF EXISTS attendance_detail;
CREATE TABLE attendance_detail (
  id int(10) unsigned NOT NULL AUTO_INCREMENT,
  uid varchar(45) NOT NULL,
  sign_time datetime NOT NULL,
  course_id varchar(45) NOT NULL,
  status smallint(5) unsigned NOT NULL,
  PRIMARY KEY (id)
) ENGINE=InnoDB DEFAULT CHARSET=utf8;

INSERT INTO attendance_detail (id,uid,sign_time,course_id,status) VALUES
  (1,'zhuangxingwen','2022-02-12 16:03:44','C007',0),
  (2,'zhuangxingwen','2022-02-12 16:04:56','C001',0);

DROP TABLE IF EXISTS attendance_publish;
CREATE TABLE attendance_publish (
  id int(10) unsigned NOT NULL AUTO_INCREMENT,
  course_id varchar(45) NOT NULL,
  time datetime NOT NULL,
  status enum('OK','NO') NOT NULL,
  PRIMARY KEY (id)
```

```
) ENGINE=InnoDB DEFAULT CHARSET=utf8;

INSERT INTO attendance_publish (id,course_id,time,status) VALUES
 (1,'C001','2022-02-12 12:13:40','OK'),
 (2,'C007','2022-02-12 13:05:03','OK'),
 (3,'C004','2022-02-12 13:05:07','OK'),
 (4,'C003','2022-02-12 13:05:09','OK');

DROP TABLE IF EXISTS course;
CREATE TABLE course (
  cid varchar(45) NOT NULL,
  name varchar(45) NOT NULL,
  credit smallint NOT NULL,
  teacher_id varchar(45) NOT NULL,
  type enum('major','minor') NOT NULL,
  PRIMARY KEY (cid)
) ENGINE=InnoDB DEFAULT CHARSET=utf8;

INSERT INTO course (cid,name,credit,teacher_id,type) VALUES
 ('C001','高等数学',4,'chenjun','major'),
 ('C002','艺术设计与鉴赏',3,'luhua','minor'),
 ('C003','软件工程',5,'huming','major'),
 ('C004','计算机应用基础',3,'huming','major'),
 ('C005','客家文化鉴赏',2,'luhua','minor'),
 ('C006','线性代数',2,'chenjun','major'),
 ('C007','系统分析与设计',5,'huming','major');

DROP TABLE IF EXISTS student_course;
CREATE TABLE student_course (
  id int(10) unsigned NOT NULL AUTO_INCREMENT,
  student_id varchar(45) NOT NULL,
  course_id varchar(45) NOT NULL,
  belong_year varchar(45) NOT NULL,
  PRIMARY KEY (id)
) ENGINE=InnoDB AUTO_INCREMENT=13 DEFAULT CHARSET=utf8;

INSERT INTO student_course (id,student_id,course_id,belong_year) VALUES
 (1,'zhuangxingwen','C001','2022'),
```

```
(2,'chenzhifei','C003','2022'),
(3,'zhuangxiaofeng','C005','2022'),
(4,'lilifei','C001','2022'),
(5,'liupinghua','C005','2022'),
(6,'zhaogaojun','C001','2022'),
(7,'yeyingfen','C002','2022'),
(8,'zhuangxingwen','C007','2022'),
(9,'zhuangxiaofeng','C006','2022'),
(10,'liupinghua','C004','2022'),
(11,'yeyingfen','C003','2022'),
(12,'zhuangxingwen','C004','2022');

DROP TABLE IF EXISTS user;
CREATE TABLE user (
 uid varchar(45) NOT NULL,
 name varchar(45) NOT NULL,
 pwd varchar(45) NOT NULL,
 college varchar(45) NOT NULL,
 role enum('stu','tea') NOT NULL,
 PRIMARY KEY (uid)
) ENGINE=InnoDB DEFAULT CHARSET=utf8;

INSERT INTO user (uid,name,pwd,college,role) VALUES
 ('chenjun','陈军','chenjun','教育学院','tea'),
 ('chenzhifei','陈志飞','chenzhifei','机电学院','stu'),
 ('huming','胡明','huming','计算机学院','tea'),
 ('lilifei','李丽菲','lilifei','机电学院','stu'),
 ('liupinghua','刘明华','liupinghua','艺术学院','stu'),
 ('luhua','路华','luhua','艺术学院','tea'),
 ('luolihua','罗丽花','luolihua','计算机学院','stu'),
 ('yeyingfen','叶莹芬','yeyingfen','工商学院','stu'),
 ('zhaogaojun','赵高军','zhaogaojun','计算机学院','stu'),
 ('zhuangxiaofeng','张小锋','zhuangxiaofeng','工商学院','stu'),
 ('zhuangxingwen','张新文','zhuangxingwen','艺术学院','stu');
```

```
1 SELECT * FROM `user` u;
```

uid	name	pwd	college	role
chenjun	陈军	chenjun	教育学院	tea
chenzhifei	陈志飞	chenzhifei	机电学院	stu
huming	胡明	huming	计算机学院	tea
lilifei	李丽菲	lilifei	机电学院	stu
liupinghua	刘明华	liupinghua	艺术学院	stu
luhua	路华	luhua	艺术学院	tea
luolihua	罗丽花	luolihua	计算机学院	stu
yeyingfen	叶莹芬	yeyingfen	工商学院	stu
zhaogaojun	赵高军	zhaogaojun	计算机学院	stu
zhuangxiaofeng	张小锋	zhuangxiaofeng	工商学院	stu
zhuangxingwen	张新文	zhuangxingwen	艺术学院	stu

图 7-1　用户表（USER）

```
1 SELECT * FROM course c;
```

cid	name	credit	teacher_id	type
C001	高等数学	4	chenjun	major
C002	艺术设计与鉴赏	3	luhua	minor
C003	软件工程	5	huming	major
C004	计算机应用基础	3	huming	major
C005	客家文化鉴赏	2	luhua	minor
C006	线性代数	2	chenjun	major
C007	系统分析与设计	5	huming	major

图 7-2　课程表（COURSE）

```
1 SELECT * FROM student_course s;
```

id	student_id	course_id	belong_year
1	zhuangxingwen	C001	2022
2	chenzhifei	C003	2022
3	zhuangxiaofeng	C005	2022
4	lilifei	C001	2022
5	liupinghua	C005	2022
6	zhaogaojun	C001	2022
7	yeyingfen	C002	2022
8	zhuangxingwen	C007	2022
9	zhuangxiaofeng	C006	2022
10	liupinghua	C004	2022
11	yeyingfen	C003	2022
12	zhuangxingwen	C004	2022

图 7-3　用户选课表（STUDENT_COURSE）

```
1 SELECT * FROM attendance_publish a;
```

id	course_id	time	status
1	C001	2022-02-12 12:13:40	OK
2	C007	2022-02-12 13:05:03	OK
3	C004	2022-02-12 13:05:07	OK
4	C003	2022-02-12 13:05:09	OK

图 7-4　课程考勤发布表（ATTENDANCE_PUBLISH）

```
1 SELECT * FROM attendance_detail a;
```

id	uid	sign_time	course_id	status
1	zhuangxingwen	2022-02-12 16:03:44	C007	0
2	zhuangxingwen	2022-02-12 16:04:56	C001	0

图 7-5　课程考勤记录表（ATTENDANCE_DETAIL）

7.1.2　SSM 项目框架搭建

本项目工程采用 Spring+SpringMVC+MyBatis 的形式建构，构建过程包括三者相关组件及所依赖 jar 文件的添加、组件的整合配置、数据实体及映射文件创建、相关资源基础编码等方面。

1. 导入 SSM 项目框架依赖 jar 文件

使用 IDE 集成开发工具搭建 Web 工程，导入 Spring+SpringMVC+MyBatis 三大框架中的各自核心包以及整合操作所需要的 jar 文件，如图 7-6 所示。

2. 构建 SSM 项目的模块包结构

本工程中包含 5 个模块包：web、service、po、mapper、dao，在每个模块包下创建相应的业务类文件，如图 7-7 所示。

（1）模块包 com.ssm.attendance.web，为 Web 工程业务控制器模块，包含 UserController 控制器类文件、StudentController 控制器类文件和 TeahcerController 控制器类文件。

（2）模块包 com.ssm.attendance.service，为 Web 工程业务层模块，包含 UserService 业务类文件、StudentService 业务类文件和 TeahcerService 业务类文件。

（3）模块包 com.ssm.attendance.dao，为 Web 工程业务 DAO 操作模块，包含 UserDAO

数据表操作类文件、CourseDAO 数据表操作类文件、AttendancePublishDAO 数据表操作类文件和 AttendanceDetailDAO 数据表操作类文件。

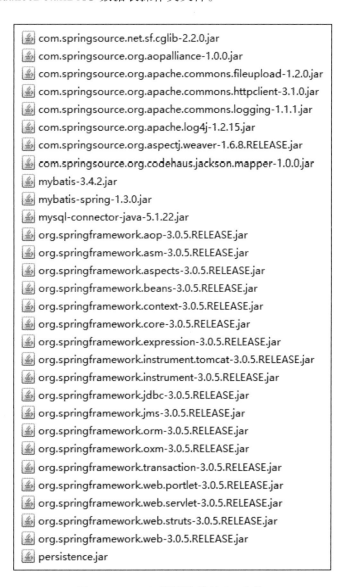

```
com.springsource.net.sf.cglib-2.2.0.jar
com.springsource.org.aopalliance-1.0.0.jar
com.springsource.org.apache.commons.fileupload-1.2.0.jar
com.springsource.org.apache.commons.httpclient-3.1.0.jar
com.springsource.org.apache.commons.logging-1.1.1.jar
com.springsource.org.apache.log4j-1.2.15.jar
com.springsource.org.aspectj.weaver-1.6.8.RELEASE.jar
com.springsource.org.codehaus.jackson.mapper-1.0.0.jar
mybatis-3.4.2.jar
mybatis-spring-1.3.0.jar
mysql-connector-java-5.1.22.jar
org.springframework.aop-3.0.5.RELEASE.jar
org.springframework.asm-3.0.5.RELEASE.jar
org.springframework.aspects-3.0.5.RELEASE.jar
org.springframework.beans-3.0.5.RELEASE.jar
org.springframework.context-3.0.5.RELEASE.jar
org.springframework.core-3.0.5.RELEASE.jar
org.springframework.expression-3.0.5.RELEASE.jar
org.springframework.instrument.tomcat-3.0.5.RELEASE.jar
org.springframework.instrument-3.0.5.RELEASE.jar
org.springframework.jdbc-3.0.5.RELEASE.jar
org.springframework.jms-3.0.5.RELEASE.jar
org.springframework.orm-3.0.5.RELEASE.jar
org.springframework.oxm-3.0.5.RELEASE.jar
org.springframework.transaction-3.0.5.RELEASE.jar
org.springframework.web.portlet-3.0.5.RELEASE.jar
org.springframework.web.servlet-3.0.5.RELEASE.jar
org.springframework.web.struts-3.0.5.RELEASE.jar
org.springframework.web-3.0.5.RELEASE.jar
persistence.jar
```

图 7-6　SSM 工程所依赖的 jar 文件

（4）模块包 com.ssm.attendance.po，为 Web 工程数据实体模块，包含 User 实体类文件、Course 实体类文件、AttendancePublish 实体类文件和 AttendanceDetail 实体类文件。

（5）模块包 com.ssm.attendance.mapper，为 Web 工程实体映射文件目录，包含 UserMapper.xml 实体映射文件、CourseMapper.xml 实体映射文件、Attendance PublishMapper.xml 实体映射文件和 AttendanceDetailMapper.xml 实体映射文件。

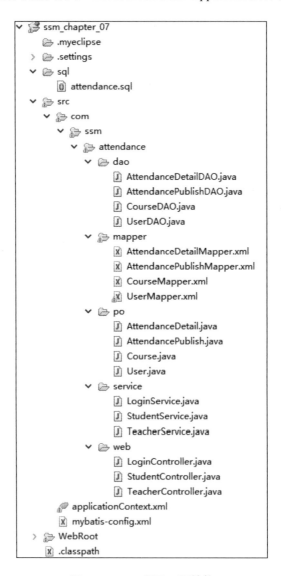

图 7-7　SSM 项目工程结构

3. 添加 MyBatis 框架配置文件

在项目工程的字节码路径下，即源码根目录 src 下添加 MyBatis 配置文件 mybatis-config.xml，该文件中只声明相关实体映射文件的位置，不需要声明关系数据库的具体连接参数。

mybatis-config.xml：

```xml
<?xml version="1.0" encoding="UTF-8" ?>
<!DOCTYPE configuration PUBLIC "-//mybatis.org//DTD Config 3.0//EN"
"http://mybatis.org/dtd/mybatis-3-config.dtd">
<configuration>
    <mappers>
        <mapper resource="com/ssm/attendance/mapper/UserMapper.xml" />
        <mapper resource="com/ssm/attendance/mapper/CourseMapper.xml" />
        <mapper resource="com/ssm/attendance/mapper/AttendancePublishMapper.
xml"/>
        <mapper resource="com/ssm/attendance/mapper/AttendanceDetailMapper.
xml"/>
    </mappers>
</configuration>
```

4. 添加 Spring 框架配置文件

同样在项目工程的源码根目录 src 下添加 Spring 框架配置文件 application Context.xml，该文件中只声明 IoC 容器管理的基本信息以及 SpringMVC 的视图解释器，同时声明关系数据库连接参数，配置数据源、连接工厂、SQL 连接实例等 bean 实例对象。

applicationContext.xml：

```xml
<?xml version="1.0" encoding="UTF-8"?>
<beans xmlns="http://www.springframework.org/schema/beans"
    xmlns:context="http://www.springframework.org/schema/context"
    xmlns:mvc="http://www.springframework.org/schema/mvc"
    xmlns:xsi="http://www.w3.org/2001/XMLSchema-instance"
    xsi:schemaLocation="http://www.springframework.org/schema/beans
    http://www.springframework.org/schema/beans/spring-beans-3.0.xsd
    http://www.springframework.org/schema/context
    http://www.springframework.org/schema/context/spring-context-3.0.xsd
```

```
http://www.springframework.org/schema/mvc
http://www.springframework.org/schema/mvc/spring-mvc-3.0.xsd">

<mvc:annotation-driven />
<context:component-scan base-package="com.ssm.attendance" />

<bean
    class="org.springframework.web.servlet.view.InternalResourceViewReso
lver">
    <property name="prefix" value="/WEB-INF/pages/" />
    <property name="suffix" value=".jsp" />
</bean>

<bean id="attendance_ds"
    class="org.springframework.jdbc.datasource.DriverManagerDataSource">
    <property name="driverClassName" value="com.mysql.jdbc.Driver" />
    <property name="url" value="jdbc:mysql://127.0.0.1:3306/attendance?
useUnicode=true&amp;characterEncoding=UTF-8" />
    <property name="username" value="root" />
    <property name="password" value="root" />
</bean>

<bean id="sessFactory" class="org.mybatis.spring.SqlSessionFactoryBean">
    <property name="configLocation" value="classpath:mybatis-config.
xml" />
    <property name="dataSource" ref="attendance_ds" />
</bean>

<bean id="sqlSession" class="org.mybatis.spring.SqlSessionTemplate"
scope="prototype">
    <constructor-arg ref="sessFactory" />
</bean>

</beans>
```

5. 配置工程映射文件 web.xml

在 web.xml 文件中，声明对所有的请求均归入 SpringMVC 模块的控制范围，同时在文件中指明，SpringMVC 模块的中央控制器组件类为 org.springframework.web.servlet.
DispatcherServlet。

web.xml：

```
<?xml version="1.0" encoding="UTF-8"?><?xml version="1.0" encoding="UTF-8"?>
<web-app version="2.5"
    xmlns="http://java.sun.com/xml/ns/javaee"
    xmlns:xsi="http://www.w3.org/2001/XMLSchema-instance"
    xsi:schemaLocation="http://java.sun.com/xml/ns/javaee
    http://java.sun.com/xml/ns/javaee/web-app_2_5.xsd">
    <servlet>
        <servlet-name>ssm-springmvc</servlet-name>
        <servlet-class>org.springframework.web.servlet.DispatcherServlet
</servlet-class>
        <init-param>
            <param-name>contextConfigLocation</param-name>
            <param-value>/WEB-INF/classes/applicationContext.xml
</param-value>
        </init-param>
        <load-on-startup>1</load-on-startup>
    </servlet>
    <servlet-mapping>
        <servlet-name>ssm-springmvc</servlet-name>
        <url-pattern>/</url-pattern>
    </servlet-mapping>
</web-app>
```

7.2　用户管理模块开发

用户操作管理模块包括两大业务功能，分别是用户登录应用平台的权限与角色认证，以及用户对自身账户的注销操作。不同角色账户将具有不同的功能与操作权限，注销自身账户后将不再具有登录应用平台的合法权限。

本系统中的用户包含两种角色，学生角色作为普通用户，能拥有系统中的一般常规业务功能，教师角色作为管理员用户，主要拥有后台管理的权限，因而不同角色所对应的功能权限是不一样的，在此系统中分开学生模块与教师模块，登录不同角色的账号将跳转到不同的模块中。

7.2.1 用户登录功能实现

本业务模块中的角色包含学生（普通用户）与教师（管理员）两种角色账户，登录成功后分别跳转到对应的角色模块。本模块前端视图页面包括 index.jsp、student.jsp、teacher.jsp，后端类文件包括用户管理控制器类 UserController.java、用户登录业务类 UserService.java、DAO 数据持久化类 UserDAO.java 等。

1. 首页视图：index.jsp

在工程项目的 WEB-INF 路径下创建 pages 目录，专门用来存储系统平台的视图页面，如图 7-8 所示，在此路径下添加 index 视图文件。

系统平台的首页即为 index 视图，同时也是平台用户登录操作的视图，如图 7-9 所示，此视图中输入账户、密码，数据提交到后台校验合法后，会跳转到相应的业务模块，编码实现如 index.jsp 文件。

图 7-8　视图资源路径（pages）　　　图 7-9　用户登录视图（index.jsp）

index.jsp：

```
<%@ page language="java" pageEncoding="UTF-8"%>
<!DOCTYPE HTML PUBLIC "-//W3C//DTD HTML 4.01 Transitional//EN">
<html>
```

```html
<head>
  <title>登录首页</title>
</head>
<body>
 <center>
 <h3>在线考勤管理系统</h3>
 <form action="login" method="post">
    <table>
    <tr>
        <td><font size="2" color="gray">账户: </font></td>
        <td><input type="text" name="userId"></td>
    </tr>
    <tr>
        <td><font size="2" color="gray">密码: </font></td>
        <td><input type="text" name="userPwd"></td>
    </tr>
    <tr align="center">
        <td colspan="2"><input type="submit" value="登    录 "></td>
    </tr>
    </table>
 </form>
 </center>
 </body>
</html>
```

2. 用户管理控制器类文件: UserController.java

在本业务模块中, 用户管理控制器类 UserController, 主要实现对用户登录请求操作的转发。此类中主要包含 indexPage 方法, 实现对首页请求的跳转, 以及 userLogin 方法, 实现将登录请求转发到 service 业务层。

UserController.java:

```java
package com.ssm.attendance.web;
import javax.annotation.Resource;
import javax.servlet.http.HttpServletRequest;
import org.springframework.stereotype.Controller;
import org.springframework.web.bind.annotation.RequestMapping;
```

```
import org.springframework.web.bind.annotation.RequestMethod;
import com.ssm.attendance.service.UserService;

@Controller
public class UserController {
    @Resource
    private UserService userService;

    @RequestMapping(value="index",method=RequestMethod.GET)
    public String indexPage(){
        return "index";
    }

    @RequestMapping(value="login",method=RequestMethod.POST)
    public String userLogin(HttpServletRequest request){
        String view = userService.userLoginService(request);
        return view;
    }

    @RequestMapping(value="logoff",method=RequestMethod.GET)
    public String userLogoff(HttpServletRequest request){
        String view = userService.userLogoffService(request);
        return view;
    }
}
```

3. 用户管理业务类文件：UserService.java

用户登录操作通过 UserController 类转发到业务层的 UserService 类中，本类中提供了 userLoginService 方法用于实现对用户登录认证逻辑的判断，同时还提供了 initService 方法用于实现对教师角色的账户进行授课课程业务数据初始化加载。

UserService.java：

```
package com.ssm.attendance.service;
import java.util.List;
import javax.annotation.Resource;
import javax.servlet.http.HttpServletRequest;
import javax.servlet.http.HttpSession;
```

```
import org.springframework.stereotype.Service;
import com.ssm.attendance.dao.CourseDAO;
import com.ssm.attendance.dao.UserDAO;
import com.ssm.attendance.po.Course;
import com.ssm.attendance.po.User;

@Service
public class UserService {
    @Resource
    private UserDAO userDAO;
    @Resource
    private CourseDAO courseDAO;

    public String userLoginService(HttpServletRequest request){
        String view = "index";
        String userId = request.getParameter("userId");
        String userPwd = request.getParameter("userPwd");
        User user = userDAO.getUserById(userId);
        String dbPwd = user.getPwd();
        String status = user.getStatus();
        if (dbPwd.equals(userPwd)&&status.equals("OK")) {
            String role = user.getRole();
            if (role.equals("stu")) {
                view = "student";
            }
            else if (role.equals("tea")) {
                initService(request);
                view = "teacher";
            }
            HttpSession session = request.getSession();
            session.setAttribute("user", user);
        }
        return view;
    }

    public void initService(HttpServletRequest request){
        String teacherId = request.getParameter("userId");
        List<Course> courseList = courseDAO.getCourseByTeacherId
    (teacherId);
```

```
        HttpSession session = request.getSession();
        session.setAttribute("courseList", courseList);
    }

    public String userLogoffService(HttpServletRequest request){
        HttpSession session = request.getSession();
        User user = (User)session.getAttribute("user");
        String uid = user.getUid();
        int rows = userDAO.logoffUser(uid);
        session.setAttribute("location", "index");
        if (rows >= 1) {
            session.removeAttribute("user");
            session.setAttribute("message", "注销账户成功！");
        } else {
            session.setAttribute("message", "注销账户失败！");
        }
        return "mess";
    }
}
```

4. 用户实体操作类文件：UserDAO.java

用户登录的请求经 UserService 类最终转发到 UserDAO 类中，本类中提供了 getUserById 方法来获取关系数据表 USER 中相关账户的数据记录，取得相关数据后以 User 实体对象的形式返回数据。

UserDAO.java：

```
package com.ssm.attendance.dao;
import javax.annotation.Resource;
import org.mybatis.spring.SqlSessionTemplate;
import org.springframework.stereotype.Repository;
import com.ssm.attendance.po.User;

@Repository
public class UserDAO {
    @Resource
    private SqlSessionTemplate sqlSession;
```

```
public User getUserById(String userId){
    User user = sqlSession.selectOne("com.ssm.attendance.mapper.
UserMapper.findUserByUserId",userId);
    return user;
}

public int logoffUser(String uid){
    int rows=sqlSession.update("com.ssm.attendance.mapper.UserMapper.
updateUserStatus",uid);
    return rows;
}
}
```

5. 课程实体操作类文件：CourseDAO.java

教师授课课程初始化的数据请求经 UserService 类的 initService 方法跳转至本类，CourseDAO 类中有业务方法 getCourseByTeacherId 去完成课程信息统计，完成后将以集合 List 形式返回到 service 业务层。

CourseDAO.java：

```
package com.ssm.attendance.dao;
import java.util.List;
import javax.annotation.Resource;
import org.mybatis.spring.SqlSessionTemplate;
import org.springframework.stereotype.Repository;
import com.ssm.attendance.po.Course;


@Repository
public class CourseDAO {
    @Resource
    private SqlSessionTemplate sqlSession;

    public List<Course> getCourseByTeacherId(String teacherId){
        List<Course> list = sqlSession.selectList("com.ssm.attendance.
    mapper.CourseMapper.findCourseByTeacherId",teacherId);
```

```
        return list;
    }
}
```

6. 用户实体映射文件: UserMapper.xml

用户实体映射文件中提供了对 UserDAO 操作的 SQL 语句支持，所有对 USER 实体的操作 SQL 语句都定义在 UserMapper.xml 文件中，本文件中提供了 id="findUserByUserId" 的<select>标签来实现对登录用户数据请求的支撑。

UserMapper.java：

```xml
<?xml version="1.0" encoding="UTF-8" ?>
<!DOCTYPE mapper PUBLIC "-//mybatis.org//DTD Mapper 3.0//EN"
"http://mybatis.org/dtd/mybatis-3-mapper.dtd">
<mapper namespace="com.ssm.attendance.mapper.UserMapper">
    <select id="findUserByUserId" parameterType="String"
        resultType="com.ssm.attendance.po.User">
        select uid,name,pwd,college,role,status
        from user where uid = #{uid}
    </select>

    <update id="updateUserStatus" parameterType="String">
        update user set status='NO' where uid=#{uid}
    </update>
</mapper>
```

7. 课程实体映射文件: CourseMapper.xml

课程实体映射文件中提供了对 CourseDAO 操作的 SQL 语句支持，所有对 COURSE 实体的操作 SQL 语句都定义在 CourseMapper.xml 文件中，本文件中提供了 id="findCourseByTeacherId" 的<select>标签来实现对教师授课课程数据请求的 SQL 语句构建。

CourseMapper.java：

```xml
<?xml version="1.0" encoding="UTF-8" ?>
<!DOCTYPE mapper PUBLIC "-//mybatis.org//DTD Mapper 3.0//EN"
"http://mybatis.org/dtd/mybatis-3-mapper.dtd">
<mapper namespace="com.ssm.attendance.mapper.CourseMapper">
```

```
<select id="findCourseByTeacherId" parameterType="String"
    resultType="com.ssm.attendance.po.Course">
    select cid,name,credit,teacher_id as teacherId
    from course c,student_course sc
    where c.cid=sc.course_id
    and teacher_id= #{teacher_id}
    group by cid
</select>
</mapper>
```

8. 数据实体类文件：User.java、Course.java

数据实体类代表了关系数据表在应用程序的代表，同时也在一定程度上兼顾实际业务需求模型，实体类 User、Course 则代表了关系数据表 USER、COURSE 在系统平台的存在形式。

User.java：

```
package com.ssm.attendance.po;

public class User {
    private String uid;
    private String name;
    private String pwd;
    private String college;
    private String role;
    private String status;
    public String getUid() {
        return uid;
    }
    public void setUid(String uid) {
        this.uid = uid;
    }
    public String getName() {
        return name;
    }
    public void setName(String name) {
        this.name = name;
    }
}
```

```
    public String getPwd() {
        return pwd;
    }
    public void setPwd(String pwd) {
        this.pwd = pwd;
    }
    public String getCollege() {
        return college;
    }
    public void setCollege(String college) {
        this.college = college;
    }
    public String getRole() {
        return role;
    }
    public void setRole(String role) {
        this.role = role;
    }
    public String getStatus() {
        return status;
    }
    public void setStatus(String status) {
        this.status = status;
    }
}
```

Course.java：

```
package com.ssm.attendance.po;

public class Course {
    private String cid;
    private String name;
    private short credit;
    private String teacherId;
    private String type;
    public String getCid() {
        return cid;
    }
}
```

```
public void setCid(String cid) {
    this.cid = cid;
}
public String getName() {
    return name;
}
public void setName(String name) {
    this.name = name;
}
public short getCredit() {
    return credit;
}
public void setCredit(short credit) {
    this.credit = credit;
}
public String getTeacherId() {
    return teacherId;
}
public void setTeacherId(String teacherId) {
    this.teacherId = teacherId;
}
public String getType() {
    return type;
}
public void setType(String type) {
    this.type = type;
}
}
```

9. 学生和教师模块视图：student.jsp、teacher.jsp

经后台 Java 类文件认证处理完毕后，登录账户如具体要有合法权限，将根据账户的角色类型跳转至相应的学生角色视图、教师角色视图，如图 7-10 和图 7-11 所示。

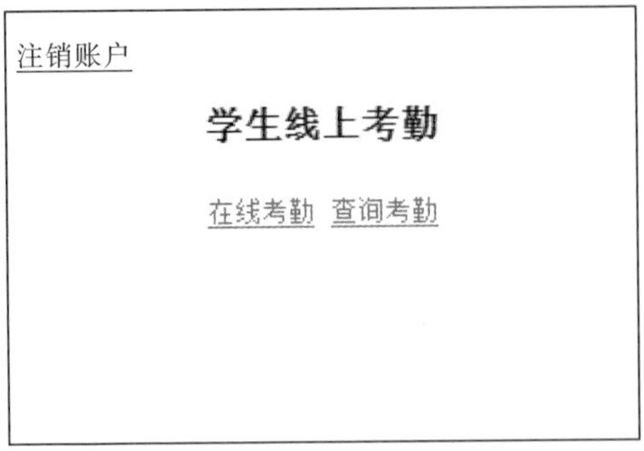

图 7-10　学生角色视图

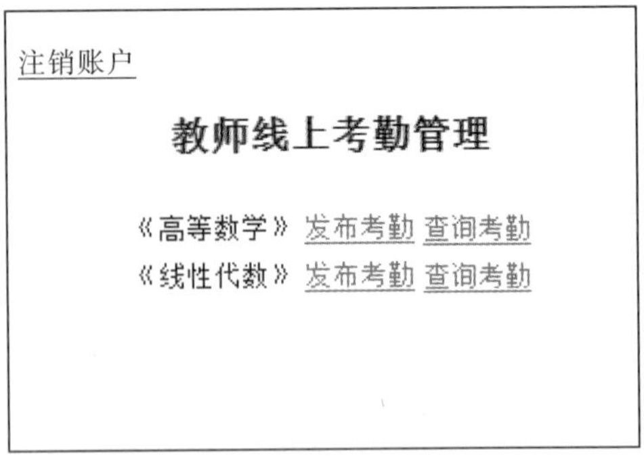

图 7-11　教师角色视图

student.jsp：

```
<%@ page language="java" pageEncoding="UTF-8"%>
<!DOCTYPE HTML PUBLIC "-//W3C//DTD HTML 4.01 Transitional//EN">
<html>
  <head>
    <title>学生考勤</title>
  </head>
  <body>
    <a href="logoff"><font size="1" color="gray">注销账户</font></a>
    <center>
    <h3>学生线上考勤</h3>
    <a href="onlineAtten"><font size="2" color="gray">在线考勤</font></a>
    <a href="queryStu"><font size="2" color="gray">查询考勤</font></a>
    </center>
  </body>
</html>
```

teacher.jsp：

```
<%@ page language="java" pageEncoding="UTF-8"%>
<%@ taglib prefix="c" uri="http://java.sun.com/jsp/jstl/core"%>
<!DOCTYPE HTML PUBLIC "-//W3C//DTD HTML 4.01 Transitional//EN">
<html>
  <head>
    <title>考勤管理</title>
  </head>
  <body>
```

```
    <a href="logoff"><font size="1" color="gray">注销账户</font></a>
    <center>
    <h3>教师线上考勤管理</h3>
    <table >
        <c:forEach items="${courseList}" var="cl" varStatus="varSta">
            <tr align="center">
                <td><font size="2" color="black">《${cl.name}》
                </font></td>
                <td><a href="publish?cid=${cl.cid}"><font size="2"
                color="gray">发布考勤</font></a></td>
                <td><a href="queryTea?cid=${cl.cid}"><font size="2"
                color="gray">查询考勤</font></a> </td>
            </tr>
        </c:forEach>
    </table>
    </center>
 </body>
</html>
```

7.2.2　用户注销账户功能实现

本业务模块主要实现账户的自我注销功能，无论是学生角色还是教师角色均可以执行此操作，执行账户注销操作后该账户将不能再登录系统平台，USER 关系数据表中对应记录的 STATUS 字段将修改为"NO"，表示处于注销状态。

本模块前端视图页面包括 student.jsp、teacher.jsp、mess.jsp，后端类文件包括用户管理控制器类 UserController.java、用户登录业务类 UserService.java、DAO 数据持久化 UserDAO.java 等。

1. 账户注销操作

在账户登录后的学生角色视图（图 7-10）或教师角色视图（图 7-11）上，点击左上角的"注销账户"超链接后，将向应用系统后端发送注销本业务账户的请求，请求将经过 UserController、UserService、UserDAO 等类文件处理后，最终修改账户的状态。

2. 用户管理控制器类接收账户注销请求

用户管理控制器类 UserController 中提供了一个专门的业务方法 userLogoff 来实现

对账户注销请求的接收，并将该请求转发 service 层的相关类文件中。

UserController.java(userLogoff 方法)：

```
@RequestMapping(value="logoff",method=RequestMethod.GET)
public String userLogoff(HttpServletRequest request){
    String view = userService.userLogoffService(request);
    return view;
}
```

3. 用户管理业务类执行账户注销逻辑

用户账户注销的请求从用户控制器转发到 UserService 类中，本类中有专门的方法 userLogoff 来处理账户注销逻辑操作，修改 USER 关系表数据的同时把 Session 组件中的 User 实例去除。

UserService.java (userLogoffService方法)：

```
public String userLogoffService(HttpServletRequest request){
    HttpSession session = request.getSession();
    User user = (User)session.getAttribute("user");
    String uid = user.getUid();
    int rows = userDAO.logoffUser(uid);
    session.setAttribute("location", "index");
    if (rows >= 1) {
        session.removeAttribute("user");
        session.setAttribute("message", "注销账户成功！");
    } else {
        session.setAttribute("message", "注销账户失败！");
    }
    return "mess";
}
```

4. 用户实体操作类修改关系表账户状态

账户注销请求经 UserService 类最终转发到 UserDAO 类中，本类中提供了 logoffUser 方法来修改操作数据表。该方法通过 SqlSessionTemplate 对象的 update 方法传入要注销的账户。

UserDAO.java (logoffUser 方法)：

```
public int logoffUser(String uid){
    int rows = sqlSession.update("com.ssm.attendance.mapper.UserMapper.
updateUserStatus",uid);
    return rows;
}
```

5. 用户实体映射文件构造账户注销 SQL

用户实体映射文件中提供了 id= "updateUserStatus" 的<update>标签来构建注销账户的 SQL 操作语句,直接把 USER 关系数据表中对应记录的 STATUS 字段将修改为"NO",如图 7-12 所示。

UserMapper.java (注销账户 SQL):

```
<update id="updateUserStatus" parameterType="String">
    update user set status='NO' where uid=#{uid}
</update>
```

图 7-12　账户注销后用户数据

6. 注销操作响应视图：mess.jsp

注销操作执行后, 有专门的视图来提示操作结果, 应用系统中专门开发了一个业务操作提示视图 mess.jsp, 各种操作都可以调用此视图来提示结果, 只要把提示信息添加到 Session 对象中即可, 本操作最终的响应如图 7-13 所示, 点击"返回"超链接将退出系统。

图 7-13　注销操作提示视图

7.3 学生线上考勤模块开发

线上考勤模块的功能是学生角色账户登录应用系统后，可以在平台进行课程在线考勤，以及可以查询过往各门课程的考勤记录，线上考勤以电子签到的形式进行，未按时间签到视为缺勤，考勤查询只能查询本人所修课程自己的考勤记录。

7.3.1 学生线上考勤功能实现

学生线上考勤功能是在平台中学生可以对教师已经发布的课程考勤进行签到操作，签到后数据即时写入 ATTENDANCE_DETAIL 关系数据表。完成线上电子签到后，学生本人与教师都可以查看相关记录。

本功能模块的实现分为两部分，第一部分是学生模块发送在线考勤请求，后端模块统计该学生的课程考勤发布信息，第二部分是对第一部分所列的课程进行实时考勤签到操作。

1. 课程考勤发布信息统计

课程考勤发布信息统计功能涉及的资源包括前端视图 sign.jsp、学生控制器类 StudentController.java、学生操作业务类 StudentService.java、考勤发布 DAO 数据持久化类 AttendancePublishDAO.java 等。

1）学生控制器类文件：StudentController.java

在图 7-10 所示的学生角色视图上点击"在线考勤"超链接后，将向后台发送"onlineAtten"请求，StudentController 类中专门有 onLineAttendance 方法来响应此请求，并把请求转发到业务层 StudentService 类，本类中还提供了 studentPage 方法来跳转至学生模块视图页。

StudentController.java：

```java
package com.ssm.attendance.web;
import javax.annotation.Resource;
import javax.servlet.http.HttpServletRequest;
import org.springframework.stereotype.Controller;
import org.springframework.web.bind.annotation.RequestMapping;
import org.springframework.web.bind.annotation.RequestMethod;
import com.ssm.attendance.service.StudentService;
```

```
@Controller
public class StudentController {
    @Resource
    private StudentService studentService;

    @RequestMapping(value="student",method=RequestMethod.GET)
    public String studentPage(){
        return "student";
    }

    @RequestMapping(value="onlineAtten",method=RequestMethod.GET)
    public String onLineAttendance(HttpServletRequest request){
        String view = studentService.getAttendanceService(request);
        return view;
    }

    @RequestMapping(value="sign",method=RequestMethod.GET)
    public String signAttendance(HttpServletRequest request){
        String view = studentService.signAttendanceService(request);
        return view;
    }

    @RequestMapping(value="queryStu",method=RequestMethod.GET)
    public String queryStudentAttendance(HttpServletRequest request){
        String view = studentService.queryStudentAttendanceService
(request);
        return view;
    }
}
```

2）学生业务类文件：StudentService.java

本类为学生业务类，接收学生控制器转发过来的请求，实现相关业务逻辑。当统计课程发布考勤信息请求到达本类时，类中有专门 getAttendanceService 方法来实现响应相关请求，最后把统计出来的数据添加到 Session 会话当中。

StudentService.java：

```
package com.ssm.attendance.service;
```

```java
import java.sql.Timestamp;
import java.util.Date;
import java.util.List;
import javax.annotation.Resource;
import javax.servlet.http.HttpServletRequest;
import javax.servlet.http.HttpSession;
import org.springframework.stereotype.Service;
import com.ssm.attendance.dao.AttendanceDetailDAO;
import com.ssm.attendance.dao.AttendancePublishDAO;
import com.ssm.attendance.po.AttendanceDetail;
import com.ssm.attendance.po.AttendancePublish;
import com.ssm.attendance.po.User;

@Service
public class StudentService {
    @Resource
    private AttendancePublishDAO attendancePublishDAO;
    @Resource
    private AttendanceDetailDAO attendanceDetailDAO;

    public String getAttendanceService(HttpServletRequest request) {
        HttpSession session = request.getSession();
        User user = (User) session.getAttribute("user");
        String userId = user.getUid();
        List<AttendancePublish> publishList = attendancePublishDAO
                .getAttendancePublishByUserId(userId);
        session.setAttribute("publishList", publishList);
        return "sign";
    }

    public String signAttendanceService(HttpServletRequest request) {
        String cid = request.getParameter("cid");
        HttpSession session = request.getSession();
        User user = (User) session.getAttribute("user");
        String userId = user.getUid();
        AttendanceDetail detail = new AttendanceDetail();
        detail.setUid(userId);
        detail.setCourseId(cid);
        short normal = 0;
```

```
        detail.setStatus(normal);
        Date now = new Date();
        Timestamp signTime = new Timestamp(now.getTime());
        detail.setSignTime(signTime);
        int rows = attendanceDetailDAO.insertAttendanceDetail(detail);
        session.setAttribute("location", "student");
        if (rows >= 1) {
            session.setAttribute("message", "在线考勤签到成功！");
        } else {
            session.setAttribute("message", "在线考勤签到失败！");
        }
        return "mess";
    }


    public String queryStudentAttendanceService(HttpServletRequest
request) {
        HttpSession session = request.getSession();
        User user = (User) session.getAttribute("user");
        String userId = user.getUid();
        List<AttendanceDetail> attenDetailList = attendanceDetailDAO
                .getAttendanceDetailByUserId(userId);
        session.setAttribute("attenDetailList", attenDetailList);
        return "atten_stu_detail";
    }
}
```

3）课程考勤发布 DAO 操作类文件：AttendancePublishDAO.java

本类负责实现对课程发布实体的数据检索与数据插入操作功能，类中有专门方法 getAttendancePublishByUserId 来实现对学生课程考勤发布信息的检索，所统计出来的数据以集合 List 的形式返回给 service 业务层。

AttendancePublishDAO.java：

```
package com.ssm.attendance.dao;
import java.util.List;
import javax.annotation.Resource;
import org.mybatis.spring.SqlSessionTemplate;
import org.springframework.stereotype.Repository;
import com.ssm.attendance.po.AttendancePublish;
```

```
@Repository
public class AttendancePublishDAO {
    @Resource
    private SqlSessionTemplate sqlSession;

    public int insertAttendancePublish(AttendancePublish publish){
        int rows = sqlSession.insert("com.ssm.attendance.mapper.
    AttendancePublishMapper.insertAttendancePublish",publish);
        return rows;
    }

    public List<AttendancePublish> getAttendancePublishByUserId(String
userId){
        List<AttendancePublish> publishList = sqlSession.selectList
    ("com.ssm.attendance.mapper.AttendancePublishMapper.findPublishBySt
    udentId",userId);
        return publishList;
    }
}
```

4）课程考勤发布实体映射文件：AttendancePublishMapper.xml

AttendancePublishMapper.xml 文件负责定义对课程考勤发布实体操作的 SQL 语句构建，同时也是对 DAO 操作方法的底层支撑。文件中提供了一个 id= "findPublishBy StudentId" 的<select>标签，负责构建对课程考勤发布统计的 SQL 语句。

AttendancePublishMapper.xml：

```
<?xml version="1.0" encoding="UTF-8" ?>
<!DOCTYPE mapper PUBLIC "-//mybatis.org//DTD Mapper 3.0//EN"
"http://mybatis.org/dtd/mybatis-3-mapper.dtd">
<mapper namespace="com.ssm.attendance.mapper.AttendancePublishMapper">
    <insert id="insertAttendancePublish" parameterType="com.ssm.
attendance.po.AttendancePublish"
        useGeneratedKeys="true" keyProperty="id">
        insert into attendance_publish(course_id,time,status)
    values(#{courseId},#{time},#{status})
    </insert>
```

```xml
<select id="findPublishByStudentId" parameterType="String"
    resultType="com.ssm.attendance.po.AttendancePublish">
    select ap.id,c.cid as courseId,c.name as courseName,ap.time,
ap.status
    from attendance_publish ap,student_course sc,Course c
    where c.cid=ap.course_id and ap.course_id=sc.course_id
    and date(ap.time)=date(now()) and sc.student_id=#{userId}
</select>
</mapper>
```

5）课程考勤发布实体：AttendancePublish.java

课程考勤发布实体 AttendancePublish 类为关系数据表 ATTENDANCE_PUBLISH 在应用程序中存在的代表，其属性在关系数据表相对应，在此基础上考虑到实际业务需求，额外添加了课程名称（courseName）属性，以更好地满足业务模型。

AttendancePublish.java：

```java
package com.ssm.attendance.po;
import java.sql.Timestamp;

public class AttendancePublish {
    private int id;
    private String courseId;
    private Timestamp time;
    private String status;
    private String courseName;
    public int getId() {
        return id;
    }
    public void setId(int id) {
        this.id = id;
    }
    public String getCourseId() {
        return courseId;
    }
    public void setCourseId(String courseId) {
        this.courseId = courseId;
    }
    public Timestamp getTime() {
```

```
        return time;
    }
    public void setTime(Timestamp time) {
        this.time = time;
    }
    public String getStatus() {
        return status;
    }
    public void setStatus(String status) {
        this.status = status;
    }
    public String getCourseName() {
        return courseName;
    }
    public void setCourseName(String courseName) {
        this.courseName = courseName;
    }
}
```

6）在线课程考勤信息视图：sign.jsp

在线课程考勤信息请求经以上操作处理，最终由 SpringMVC 中央处理器调用响应视图 sing.jsp 去响应请求，本视图通过从 Session 中取出相关课程数据，并展示在视图上，如图 7-14 所示。

sign.jsp：

```
<%@ page language="java" pageEncoding="UTF-8"%>
<%@ taglib prefix="c" uri="http://java.sun.com/jsp/jstl/core"%>
<!DOCTYPE HTML PUBLIC "-//W3C//DTD HTML 4.01 Transitional//EN">
<html>
  <head>
    <title>考勤签到</title>
  </head>
  <body>
    <center>
    <h3>学生线上考勤签到</h3>
    <table >
            <c:forEach items="${publishList}" var="pl" varStatus="varSta">
                <tr align="center">
```

```
                <td><font size="2" color="black">《${pl.courseName}》
        </font></td>
                <td><a href="sign?cid=${pl.courseId}"><font size="2"
        color="gray">考勤签到</font></a></td>
                </tr>
            </c:forEach>
        </table>
    </center>
  </body>
</html>
```

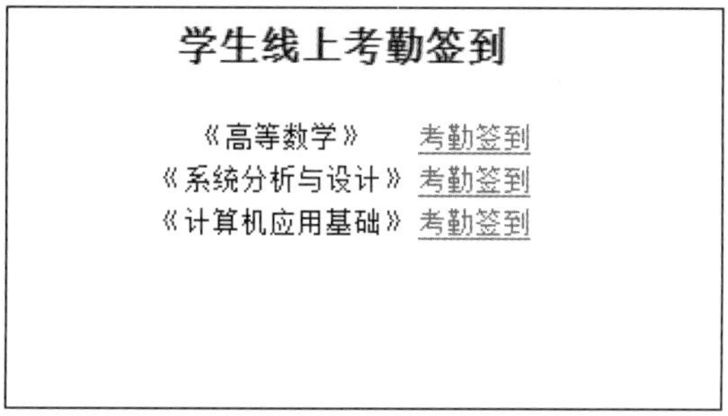

图 7-14　课程发布考勤视图

2. 在线考勤签到

在线考勤签到实现学生对所修课程的电子实时签到。本在线考勤签到只对当天发布的课程考勤有效，超过时间未签到视为缺勤。所有数据由平台统一管理，不能手动在视图页面上修改。

1）在线课程考勤签到操作

以学生角色登录系统平台后，点击"在线考勤"链接，到达课程考勤电子签到视图（图 7-14），在视图中列出了该账户相关联的学生所需要考勤的课程，学生本人只要点击对应课程的"考勤签到"即完成签到过程。

2）学生控制器类接收课程签到请求

学生控制器类 StudentController 中提供了一个专门的业务方法 signAttendance 来实现对课程签到请求的接收，并将该请求转发到 service 层的相关类文件中。

StudentController.java (signAttendance 方法)：

```
@RequestMapping(value="sign",method=RequestMethod.GET)
public String signAttendance(HttpServletRequest request){
    String view = studentService.signAttendanceService(request);
    return view;
}
```

3）学生考勤操作业务类执行课程签到逻辑

课程签到的请求从学生控制器转发到 StudentService 类中，本类中有专门的方法 signAttendanceService 来处理课程签到逻辑操作，构造一个 AttendanceDetail 实体对象，并把该对象持久化到关系数据表中。

UserService.java（signAttendanceService 方法）：

```
public String signAttendanceService(HttpServletRequest request) {
    String cid = request.getParameter("cid");
    HttpSession session = request.getSession();
    User user = (User) session.getAttribute("user");
    String userId = user.getUid();
    AttendanceDetail detail = new AttendanceDetail();
    detail.setUid(userId);
    detail.setCourseId(cid);
    short normal = 0;
    detail.setStatus(normal);
    Date now = new Date();
    Timestamp signTime = new Timestamp(now.getTime());
    detail.setSignTime(signTime);
    int rows = attendanceDetailDAO.insertAttendanceDetail(detail);
    session.setAttribute("location", "student");
    if (rows >= 1) {
        session.setAttribute("message", "在线考勤签到成功！");
    } else {
        session.setAttribute("message", "在线考勤签到失败！");
    }
    return "mess";
}
```

4）课程考勤详情实体操作 DAO 类文件：AttendanceDetailDAO.java

本类为对课程考勤数据的记录类，类中包含有检索和数据插入操作方法。当课程考勤签到请求经 StudentService 类最终转发到本类时，类中提供了 insertAttenDanceDetail
方法来保存课程签到数据，方法中传入的 AttenDanceDetail 对象即为持久化数据。

　　AttendanceDetail.java：

```
package com.ssm.attendance.dao;
import java.util.List;
import javax.annotation.Resource;
import org.mybatis.spring.SqlSessionTemplate;
import org.springframework.stereotype.Repository;
import com.ssm.attendance.po.AttendanceDetail;

@Repository
public class AttendanceDetailDAO {
    @Resource
    private SqlSessionTemplate sqlSession;

    public int insertAttendanceDetail(AttendanceDetail detail) {
        int rows = sqlSession.insert("com.ssm.attendance.mapper.
    AttendanceDetailMapper.insertAttendanceDetail",  detail);
        return rows;
    }

    public List<AttendanceDetail> getAttendanceDetailByUserId(String
userId) {
        List<AttendanceDetail> detailList = sqlSession.selectList("com.
    ssm.attendance.mapper.AttendanceDetailMapper.findAttenByStu",userId);
        return detailList;
    }

    public List<AttendanceDetail> getCourseAttendanceDetail
(AttendanceDetail detail) {
        List<AttendanceDetail> detailList = sqlSession

    .selectList("com.ssm.attendance.mapper.AttendanceDetailMapper.findA
ttenByTea",detail);
        return detailList;
    }
}
```

5）课程考勤详情实体映射文件：AttendanceDetailMapper.xml

AttendanceDetailMapper.xml 文件负责定义对课程考勤详情实体操作的 SQL 语句构建，文件中提供了一个 id= "insertAttendanceDetail" 的<insert>标签，负责构建对课程考勤详情插入操作的 SQL 语句。

AttendanceDetailMapper.xml：

```xml
<?xml version="1.0" encoding="UTF-8" ?>
<!DOCTYPE mapper PUBLIC "-//mybatis.org//DTD Mapper 3.0//EN"
"http://mybatis.org/dtd/mybatis-3-mapper.dtd">
<mapper namespace="com.ssm.attendance.mapper.AttendanceDetailMapper">
    <insert id="insertAttendanceDetail"
    parameterType="com.ssm.attendance.po.AttendanceDetail"
    useGeneratedKeys="true" keyProperty="id">
        insert into attendance_detail(uid,sign_time,course_id,status)
        values(#{uid},#{signTime},#{courseId},#{status})
    </insert>

    <select id="findAttenByStu" parameterType="String"
        resultType="com.ssm.attendance.po.AttendanceDetail">
        (
            select c.name as courseName,ad.status,ad.sign_time as signTime
            from attendance_detail ad,course c
            where c.cid=ad.course_id and ad.uid=#{uid}
        )
        union
        (
            select c.name as courseName,1 as status,null as signTime
            from attendance_publish ap ,course c
            where c.cid=ap.course_id and ap.course_id not in(
                select ad.course_id from attendance_detail ad
                where ad.uid=#{uid}
            )
        )
    </select>

    <select id="findAttenByTea"
        parameterType="com.ssm.attendance.po.AttendanceDetail"
```

```
        resultType="com.ssm.attendance.po.AttendanceDetail">
        (
            select distinct c.name as courseName,u.name as studentName,
            ad.status as status,ad.sign_time as signTime
            from attendance_detail ad,course c,student_course sc,user u
            where c.cid=ad.course_id and c.cid=sc.course_id
            and ad.uid=u.uid and c.teacher_id=#{teacherId} and
        c.cid=#{courseId}
        )
        union
        (
            select c.name as courseName,u.name as studentName,
            1 as status,null as signTime
            from attendance_publish ap,course c,student_course sc,user u
            where c.cid=ap.course_id and c.cid=sc.course_id
            and sc.student_id=u.uid and c.teacher_id=#{teacherId} and
        c.cid=#{courseId}
            and not exists(
                select distinct c1.name as courseName,u1.name as
            studentName,
                ad1.status as status,ad1.sign_time as signTime
                from attendance_detail ad1,course c1,student_course
            sc1,user u1
                where c1.cid=ad1.course_id and c1.cid=sc1.course_id
                and ad1.uid=u1.uid and c.teacher_id=#{teacherId} and
        c.cid=#{courseId}
                and c.name=c1.name and u.name=u1.name
            )
        )
    </select>
</mapper>
```

6）课程考勤详情实体：AttendanceDetail.java

课程考勤详情实体 AttendanceDetail 类为关系数据表 ATTENDANCE_DETAIL 在应用程序中存在的代表，其属性在关系数据表相对应，考虑到实际业务需求，额外添加了课程名称（courseName）属性、学生名称（studentName）属性、教师 ID（teacherId）属性，以更好地满足业务模型。

AttendanceDetail.java：

```java
package com.ssm.attendance.po;
import java.sql.Timestamp;

public class AttendanceDetail {
    private int id;
    private String uid;
    private Timestamp signTime;
    private String courseId;
    private short status;
    private String courseName;
    private String studentName;
    private String teacherId;
    public int getId() {
        return id;
    }
    public void setId(int id) {
        this.id = id;
    }
    public String getUid() {
        return uid;
    }
    public void setUid(String uid) {
        this.uid = uid;
    }
    public Timestamp getSignTime() {
        return signTime;
    }
    public void setSignTime(Timestamp signTime) {
        this.signTime = signTime;
    }
    public String getCourseId() {
        return courseId;
    }
    public void setCourseId(String courseId) {
        this.courseId = courseId;
    }
    public short getStatus() {
```

```
        return status;
    }
    public void setStatus(short status) {
        this.status = status;
    }
    public String getCourseName() {
        return courseName;
    }
    public void setCourseName(String courseName) {
        this.courseName = courseName;
    }
    public String getStudentName() {
        return studentName;
    }
    public void setStudentName(String studentName) {
        this.studentName = studentName;
    }
    public String getTeacherId() {
        return teacherId;
    }
    public void setTeacherId(String teacherId) {
        this.teacherId = teacherId;
    }
}
```

7）课程签到响应视图：mess.jsp

课程签到操作经以上步骤执行完成后，整个业务流程完成，最后由 SpringMVC 的中央控制器调用专门响应视图 mess.jsp 提示操作结果，如图 7-15 所示，点击"返回"链接可返回到学生模块视图页面。

图 7-15　签到操作提示视图

7.3.2　学生课程考勤记录查询功能实现

学生课程考勤查询模块是学生角色账户登录系统平台后，自行查询本人过往的课程考勤数据。通过汇总 ATTENDANCE_DETAIL 数据表得到已签到的考勤数据，通过汇总其他数据表得到未签到的考勤数据。

本功能涉及的资源包括前端视图 atten_stu_detail.jsp、学生控制器类 Student Controller.java、学生操作业务类 StudentService.java、考勤发布 DAO 数据持久化类 AttendancePublishDAO.java 等。

1. 学生控制器类接收课程考勤数据查询

在图 7-10 所示的学生角色视图上点击"查询考勤"超链接后，向后台发送"queryStu"请求，StudentController 类中有 queryStudentAttendance 方法来响应此请求，并把请求转发到业务层 StudentService 类。

StudentController.java (queryStudentAttendance 方法)：

```java
@RequestMapping(value="queryStu",method=RequestMethod.GET)
public String queryStudentAttendance(HttpServletRequest request){
    String view = studentService.queryStudentAttendanceService(request);
    return view;
}
```

2. 学生业务类处理课程考勤数据查询逻辑

StudentService 类接收从学生控制器转发过来的请求，实现相关业务逻辑。当课程考勤数据查询请求到达本类时，类中的 queryStudentAttendanceService 方法响应相关请求，最后把课程考勤数据以集合 List 的形式添加到 Session 会话空间中，以供视图页展示相关信息。

StudentService.java (queryStudentAttendanceService 方法)：

```java
public String queryStudentAttendanceService(HttpServletRequest request)
{
    HttpSession session = request.getSession();
    User user = (User) session.getAttribute("user");
    String userId = user.getUid();
    List<AttendanceDetail> attenDetailList = attendanceDetailDAO
            .getAttendanceDetailByUserId(userId);
    session.setAttribute("attenDetailList", attenDetailList);
    return "atten_stu_detail";
}
```

3. 课程考勤详情实体 DAO 类检索课程考勤数据

课程考勤查询请求到达 AttendanceDetailDAO 类后，类中的 getAttendanceDetailBy UserId 方法响应对过往学生课程考勤数据的检索，所统计出来的数据以集合 List 的形式返回给 service 业务层。

AttendanceDetailDAO.java (getAttendanceDetailByUserId 方法)：

```
public List<AttendanceDetail> getAttendanceDetailByUserId(String userId)
{
    List<AttendanceDetail> detailList = sqlSession.selectList("com.ssm.
attendance.mapper.AttendanceDetailMapper.findAttenByStu",userId);
    return detailList;
}
```

4. 课程考勤详情实体映射文件构造 SQL 语句

AttendanceDetailMapper.xml 文件中提供了一个 id="findAttenByStu"的<select>标签，负责构建对课程考勤数据查询的 SQL 语句。此 SQL 语句先从 ATTENDANCE_ DETAIL 数据表中检索出已签到的课程考勤数据，然后再从其他业务表中连接检索出未签到的课程考勤数据，两部分的数据作一个纵向表连结，最终汇总成完整的课程考勤业务数据。

AttendanceDetailMapper.xml (检索学生课程考勤数据 SQL)：

```
<select id="findAttenByStu" parameterType="String"
    resultType="com.ssm.attendance.po.AttendanceDetail">
    (
        select c.name as courseName,ad.status,ad.sign_time as signTime
        from attendance_detail ad,course c
        where c.cid=ad.course_id and ad.uid=#{uid}
    )<!-- 已发布课程考勤已签到的业务数据检索 -->
    union
    (
        select c.name as courseName,1 as status,null as signTime
        from attendance_publish ap ,course c
        where c.cid=ap.course_id and ap.course_id not in(
            select ad.course_id from attendance_detail ad
```

```
        where ad.uid=#{uid}
    )
)<!-- 已发布课程考勤未签到的业务数据检索 -->
</select>
```

5. 学生课程考勤数据视图：atten_stu_detail.jsp

学生课程考勤数据请求经后端各步操作处理完毕后，最终跳转到 atten_stu_detail.jsp 视图页面。视图通过从 Session 会话空间取出课程考勤数据，并通过 JSTL 标签迭代展示在响应视图上，如图 7-16 所示。

atten_stu_detail.jsp：

```jsp
<%@ page language="java" pageEncoding="UTF-8"%>
<%@ taglib prefix="c" uri="http://java.sun.com/jsp/jstl/core"%>
<!DOCTYPE html PUBLIC "-//W3C//DTD HTML 4.01 Transitional//EN"
"http://www.w3.org/TR/html4/loose.dtd">
<html>
    <head>
        <title>个人考勤记录</title>
    </head>
    <body>
        <a href="student"><font size="1" color="gray">返回</font></a>
        <center>
        <h3>学生课程考勤记录</h3>
        <table border="2" style="font-size:12px" >
            <tr align="center">
                <td>序号</td>
                <td>姓名</td>
                <td>课程</td>
                <td>考勤状态</td>
                <td>签到时间</td>
            </tr>
            <c:forEach items="${attenDetailList}" var="adl" varStatus=
            "varSta">
                <tr align="center">
                    <td>${varSta.count}</td>
                    <td>${user.name}</td>
                    <td>${adl.courseName}</td>
```

```
                <td>
                <c:if test="${adl.status == 0}">已签</c:if>
                <c:if test="${adl.status == 1}">未签</c:if>
                </td>
                <td>${adl.signTime}</td>
            </tr>
        </c:forEach>
    </table>
    </center>
</body>
</html>
```

学生课程考勤记录

序号	姓名	课程	考勤状态	签到时间
1	张新文	系统分析与设计	已签	2022-02-12 16:03:44.0
2	张新文	高等数学	已签	2022-02-12 16:04:56.0
3	张新文	高等数学	已签	2022-02-14 09:30:51.0
4	张新文	系统分析与设计	已签	2022-02-14 12:24:25.0
5	张新文	计算机应用基础	未签	
6	张新文	软件工程	未签	

图 7-16　学生课程考勤查询响应视图

7.4　教师线上考勤管理模块开发

教师线上考勤管理模块主要包括课程考勤发布、课程考勤记录查询两部分,前者教师可以根据实际需求随时发布本人授课课程的线上考勤,后者按课程来检索教师授课课程的考勤记录信息。

7.4.1　课程考勤发布功能实现

教师发布课程考勤业务时将在 ATTENDANCE_PUBLISH 关系表插入相关数据,课程考勤发布后学生即可进行相应的线上课程考勤签到操作。课程考勤发布功能主要涉及教师控制器类、教师业务类、教师实体 DAO 数据持久化类的开发。

1. TeacherController.java

在教师角色模块视图（图 7-11）点击对应课程的"发布考勤"超链接，即可向本模块后端发送相关业务请求，请求随后到达 TeacherController 类的 attendancePublish 方法，该方法把请求转发到业务层。此外，该类中还提供了 teacherPage 方法，实现请求跳转到教师模块视图页。

TeacherController.java：

```java
package com.ssm.attendance.web;
import javax.annotation.Resource;
import javax.servlet.http.HttpServletRequest;
import org.springframework.stereotype.Controller;
import org.springframework.web.bind.annotation.RequestMapping;
import org.springframework.web.bind.annotation.RequestMethod;
import com.ssm.attendance.service.TeacherService;

@Controller
public class TeacherController {
    @Resource
    private TeacherService teacherService;

    @RequestMapping(value="teacher",method=RequestMethod.GET)
    public String teacherPage(){
        return "teacher";
    }

    @RequestMapping(value="publish",method=RequestMethod.GET)
    public String attendancePublish(HttpServletRequest request){
        String view = teacherService.attendancePublishService(request);
        return view;
    }

    @RequestMapping(value="queryTea",method=RequestMethod.GET)
    public String queryCourseAttendance(HttpServletRequest request){
        String view = teacherService.queryCourseAttendanceService
(request);
        return view;
    }
}
```

2. TeacherService.java

本类负责实现课程考勤发布的逻辑处理，所发布课程考勤请求经业务控制器 TeacherController 类转发到达 TeacherService 类的 attendancePublishService 方法，本方法通过构建 AttendancePublish 实例对象，然后将其持久化到 ATTENDANCE_PUBLISH 关系表中，实现课程考勤发布功能。

TeacherService.java：

```
package com.ssm.attendance.service;
import java.sql.Timestamp;
import java.util.Date;
import java.util.List;
import javax.annotation.Resource;
import javax.servlet.http.HttpServletRequest;
import javax.servlet.http.HttpSession;
import org.springframework.stereotype.Service;
import com.ssm.attendance.dao.AttendanceDetailDAO;
import com.ssm.attendance.dao.AttendancePublishDAO;
import com.ssm.attendance.po.AttendanceDetail;
import com.ssm.attendance.po.AttendancePublish;
import com.ssm.attendance.po.User;

@Service
public class TeacherService {
    @Resource
    private AttendancePublishDAO attendancePublishDAO;
    @Resource
    private AttendanceDetailDAO attendanceDetailDAO;

    public String attendancePublishService(HttpServletRequest request){
        AttendancePublish attenPub = new AttendancePublish();
        Date date = new Date();
        Timestamp time = new Timestamp(date.getTime());
        String cid = request.getParameter("cid");
        attenPub.setCourseId(cid);
        attenPub.setStatus("OK");
        attenPub.setTime(time);
        int rows = attendancePublishDAO.insertAttendancePublish
```

```
    (attenPub);
        HttpSession session = request.getSession();
        session.setAttribute("location", "teacher");
        if (rows>=1) {
            session.setAttribute("message", "在线考勤发布成功! ");
        }
        else{
            session.setAttribute("message", "在线考勤发布失败! ");
        }
        return "mess";
    }

    public String queryCourseAttendanceService(HttpServletRequest
request){
        String cid = request.getParameter("cid");
        HttpSession session = request.getSession();
        User user = (User)session.getAttribute("user");
        String userId = user.getUid();
        AttendanceDetail detail = new AttendanceDetail();
        detail.setCourseId(cid);
        detail.setTeacherId(userId);
        List<AttendanceDetail> attenDetailList = attendanceDetailDAO
                .getCourseAttendanceDetail(detail);
        session.setAttribute("attenDetailList", attenDetailList);
        return "atten_tea_detail";
    }
}
```

3. AttendancePublishDAO.java

AttendancePublishDAO 类为课程考勤发布实体操作 DAO 类，课程考勤发布请求经 TeacherService 业务类到达本持久化类后，将由 insertAttendancePublish 方法响应请求，其通过 Mapper 映射文件提供的 SQL 语句实现数据写入关系表功能。

AttendancePublishDAO.java (insertAttendancePublish 方法)：

```
public int insertAttendancePublish(AttendancePublish publish){
    int rows = sqlSession.insert("com.ssm.attendance.mapper.
AttendancePublishMapper.insertAttendancePublish",publish);
```

```
   return rows;
}
```

4. AttendancePublishMapper.xml

AttendancePublishMapper.xml 负责对 AttendancePublish 实体 DAO 操作的 SQL 语句构建，当课程考勤发布的请求到达 AttendancePublishDAO 类的 insertAttendancePublish 方法后，本文件中提供了 id="insertAttendancePublish" 的<insert>标签来构建持久化操作 SQL 语句。

AttendancePublishMapper.xml (课程考勤发布 SQL)：

```xml
<insert id="insertAttendancePublish" parameterType="com.ssm.attendance.
po.AttendancePublish"
   useGeneratedKeys="true" keyProperty="id">
   insert into attendance_publish(course_id,time,status)
values(#{courseId},#{time},#{status})
</insert>
```

5. mess.jsp

经以上各步处理完毕后，课程考勤发布流程执行完毕，最终调用 mess.jsp 视图去响应本次业务请求，在 TeacherService 类的 attendancePublishService 方法中，将写入响应信息与返回路径，业务操作提示视图页如图 7-17 所示。

图 7-17　课程考勤发布提示视图

7.4.2　课程考勤记录查询功能实现

课程考勤记录查询业务功能按课程进行归类，实现对过往学生考勤数据的全面检索，所检索的数据由两部分组成，分别是学生已经主动签到的课程考勤记录以及学生未签到的考勤数据，此两部分数据最终汇总成完整的课程考勤数据。

1. 教师控制器接收并转发请求到业务层

在教师角色模块视图（图 7-11）点击对应课程的"查询考勤"超链接，向模块后端发送"queryTea"请求，请求随后到达 TeacherController 类的 queryCourseAttendance 方法，本方法负责把请求转发到业务层 TeacherService 类。

TeacherController.java (queryCourseAttendance 方法)：

```
@RequestMapping(value="queryTea",method=RequestMethod.GET)
public String queryCourseAttendance(HttpServletRequest request){
    String view = teacherService.queryCourseAttendanceService(request);
    return view;
}
```

2. 教师业务类实现课程考勤检索逻辑

课程考勤查询请求经 TeacherController 类转发到达本类的 queryCourseAttendance Service 方法，本方法通过 AttendanceDetailDAO 类中提供的业务检索方法实现数据统计，并把相关数据以集合 List 的形式存入 Session 会话空间。

TeacherService.java (queryCourseAttendanceService 方法)：

```
public String queryCourseAttendanceService(HttpServletRequest request){
    String cid = request.getParameter("cid");
    HttpSession session = request.getSession();
    User user = (User)session.getAttribute("user");
    String userId = user.getUid();
    AttendanceDetail detail = new AttendanceDetail();
    detail.setCourseId(cid);
    detail.setTeacherId(userId);
    List<AttendanceDetail> attenDetailList = attendanceDetailDAO
            .getCourseAttendanceDetail(detail);
    session.setAttribute("attenDetailList", attenDetailList);
    return "atten_tea_detail";
}
```

3. AttendanceDetailDAO.java

AttendanceDetailDAO 类为课程考勤详情实体操作 DAO 类，课程考勤查询请求经 TeacherService 业务类到达本 DAO 类后，由 getCourseAttendanceDetail 方法响应请求，最终由 XML 映射文件装配对应 SQL 语句实现业务数据检索功能。

AttendanceDetailDAO.java (getCourseAttendanceDetail 方法)：

```java
public List<AttendanceDetail> getCourseAttendanceDetail
(AttendanceDetail detail) {
    List<AttendanceDetail> detailList = sqlSession.selectList("com.ssm.
attendance.mapper.AttendanceDetailMapper.findAttenByTea",detail);
    return detailList;
}
```

4. AttendanceDetailMapper.xml

AttendanceDetailMapper.xml 文件中提供了 id="findAttenByTea" 的<select>标签来装配数据操作 SQL 语句。此检索 SQL 语句分为两部分，前一部分从 ATTENDANCE_DETAIL 关系表中检索出已签到的课程考勤数据，后一部分从 ATTENDANCE_PUBLISH 及其他关系表中检索出未签到的课程考勤数据，然后两部分作纵向连接操作，合并成为同一检索数据返回到应用层。

AttendanceDetailMapper.xml（课程考勤发布查询 SQL）：

```xml
<select id="findAttenByTea"
    parameterType="com.ssm.attendance.po.AttendanceDetail"
    resultType="com.ssm.attendance.po.AttendanceDetail">
    (
        select distinct c.name as courseName,u.name as studentName,
        ad.status as status,ad.sign_time as signTime
        from attendance_detail ad,course c,student_course sc,user u
        where c.cid=ad.course_id and c.cid=sc.course_id
        and ad.uid=u.uid and c.teacher_id=#{teacherId} and
    c.cid=#{courseId}
    )<!-- 检索课程考勤已签到相关部分数据 -->
    union
    (
```

```
select c.name as courseName,u.name as studentName,
1 as status,null as signTime
from attendance_publish ap,course c,student_course sc,user u
where c.cid=ap.course_id and c.cid=sc.course_id
and sc.student_id=u.uid and c.teacher_id=#{teacherId} and c.cid
=#{courseId}
and not exists(
    select distinct c1.name as courseName,u1.name as studentName,
    ad1.status as status,ad1.sign_time as signTime
    from attendance_detail ad1,course c1,student_course sc1,user u1
    where c1.cid=ad1.course_id and c1.cid=sc1.course_id
    and ad1.uid=u1.uid and c.teacher_id=#{teacherId} and c.cid
=#{courseId}
    and c.name=c1.name and u.name=u1.name
)
)<!-- 检索课程考勤未签到相关部分数据 -->
</select>
```

5. 课程考勤查询响应视图

课程考勤查询业务请求经各步操作处理完毕后，最终由 atten_tea_detail.jsp 视图进行响应，通过 JSTL 标签迭代 Session 会话空间的业务数据，最终在响应视图上展示，如图 7-18 所示。

atten_tea_detail.jsp：

```
<%@ page language="java" pageEncoding="UTF-8"%>
<%@ taglib prefix="c" uri="http://java.sun.com/jsp/jstl/core"%>
<!DOCTYPE html PUBLIC "-//W3C//DTD HTML 4.01 Transitional//EN"
"http://www.w3.org/TR/html4/loose.dtd">
<html>
    <head>
        <title>考勤记录</title>
    </head>
    <body>
        <a href="teacher"><font size="1" color="gray">返回</font></a>
        <center>
        <h3>课程考勤记录</h3>
        <table border="2" style="font-size:12px" >
```

```
            <tr align="center">
                <td>序号</td>
                <td>课程</td>
                <td>姓名</td>
                <td>考勤状态</td>
                <td>签到时间</td>
            </tr>
            <c:forEach items="${attenDetailList}" var="adl" varStatus=
    "varSta">
                <tr align="center">
                    <td>${varSta.count}</td>
                    <td>${adl.courseName}</td>
                    <td>${adl.studentName}</td>
                    <td>
                    <c:if test="${adl.status == 0}">正常</c:if>
                    <c:if test="${adl.status == 1}">缺勤</c:if>
                    </td>
                    <td>${adl.signTime}</td>
                </tr>
            </c:forEach>
        </table>
        </center>
    </body>
</html>
```

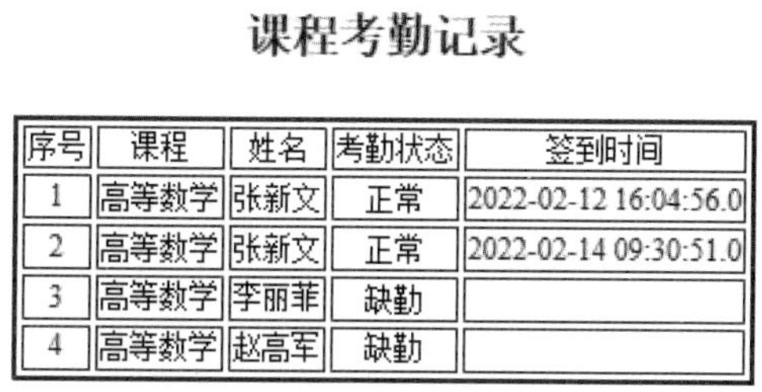

课程考勤记录

序号	课程	姓名	考勤状态	签到时间
1	高等数学	张新文	正常	2022-02-12 16:04:56.0
2	高等数学	张新文	正常	2022-02-14 09:30:51.0
3	高等数学	李丽菲	缺勤	
4	高等数学	赵高军	缺勤	

图 7-18　课程考勤查询响应视图

参考文献

[1] 石毅. Java EE 轻量级框架应用实战——SSM 框架(Spring MVC+Spring+MyBatis)[M]. 北京：电子工业出版社出版，2020.

[2] 杨开振，周吉文，梁华辉，谭茂华. Java EE 互联网轻量级框架整合开发——SSM 框架（Spring MVC+Spring+MyBatis）和 Redis 实现[M]. 北京：电子工业出版社，2017.

[3] 李艳鹏，曲源，宋杨. 互联网轻量级 SSM 框架解密——Spring Spring MVC MyBatis 源码深度剖析[M]. 北京：电子工业出版社，2019.

[4] 单广荣. 基于 SSM 框架的互联网应用开发技术[M]. 北京：科学出版社，2021.

[5] 黄文毅. SpringMVC+MyBatis 快速开发与项目实战[M]. 北京：清华大学出版社，2019.

[6] 吴为胜，杨章伟. Spring+SpringMVC+MyBatis 从零开始学[M]. 北京：清华大学出版社，2019.

[7] 肖睿，肖静，董宁. SSM 轻量级框架应用实战[M]. 北京：人民邮电出版社，2018.

[8] 缪勇，施俊. Spring+SpringMVC+MyBatis 框架技术精讲与整合案例[M]. 北京：清华大学出版社，2019.

[9] 吴志祥，钱程，王晓锋，鲁屹华. Java EE 开发简明教程——基于 Eclipse+Maven 环境的 SSM 架构[M]. 北京：电子工业出版社，2020.

[10] 王成，马杰，陈业恩. Java EE 轻量框架技术 SSM[M]. 厦门：厦门大学出版社，2020.